新世纪电工电子实践系列规划教材

电子 CAD 实训教程

刘海宽　陈传虎　主　编

东南大学出版社
·南　京·

内 容 提 要

本书以实践训练为目的,详细介绍电子线路计算机辅助设计中的各个环节,以国家电子线路计算机辅助设计绘图员职业资格认证考试大纲为基础安排内容,并在附录中介绍电子线路计算机辅助设计绘图员职业资格认证的相关内容。

本书共分六个单元,每个单元又分为若干模块:第一单元主要介绍 Protel 99 SE 的文件管理及原理图编辑器环境的设置、电路原理图的电气对象及属性、电路原理图的非电气对象及属性、电路原理图中对象的基本操作、电路原理图设计与编辑、电路原理图编辑技巧以及层次电路设计等内容;第二单元主要介绍元件库编辑器以及元件库文件与元件的创建和编辑等内容;第三单元主要介绍电路仿真分析等内容;第四单元主要介绍 PCB 设计基础、PCB图的设计与编辑以及 PCB 设计技巧等内容;第五单元主要介绍封装的创建与编辑等内容;第六单元是综合实训。

本书主要作为大中专院校、高职师生、电子线路计算机辅助设计绘图相关的各种培训的教材用书,也可作为电子工程技术人员的参考资料。

图书在版编目(CIP)数据

电子 CAD 实训教程/刘海宽,陈传虎主编. —南京:东南大学出版社,2009.2
(新世纪电工电子实践系列规划教材)
ISBN 978 - 7 - 5641 - 1557 - 9

Ⅰ.电… Ⅱ.①刘… ②陈… Ⅲ.印刷电路—计算机辅助设计—应用软件—高等学校—教材 Ⅳ.TN410.2

中国版本图书馆 CIP 数据核字(2009)第 009219 号

电子 CAD 实训教程

出版发行	东南大学出版社
出 版 人	江 汉
社 址	南京市四牌楼 2 号
邮 编	210096
经 销	江苏省新华书店
印 刷	南京京新印刷厂
开 本	787 mm×1092 mm 1/16
印 张	13.75
字 数	342 千字
书 号	ISBN 978 - 7 - 5641 - 1557 - 9/TN · 24
印 次	2009 年 2 月第 1 次印刷
版 次	2009 年 2 月第 1 版
印 数	1—3500 册
定 价	28.00 元

(凡有印装质量问题,请与我社读者服务部联系。电话:025—83792328)

前　言

随着计算机技术的发展,计算机辅助设计(Computer Aided Design,CAD)技术成为电子线路设计的重要手段,利用 CAD 技术可以高效地完成电子线路的原理图编辑、功能仿真、工作环境模拟和印刷电路板的设计。目前电子线路 CAD 软件种类繁多,但因 Protel 具有操作简单、方便易学和自动化程度较高等优点,故成为目前最为流行的电子线路 CAD 软件之一,其中 Protel 99 SE 版本应用最为广泛,本书重点介绍如何利用 Protel 99 SE 软件,完成原理图编辑、元件符号及元件库的创建、电路的仿真、印刷电路板的设计以及封装和封装库的创建等内容。

因电子线路计算机辅助设计技术日益发展和社会对电子线路计算机辅助设计人员需求的增加,电子线路计算机辅助设计绘图员成为一种新兴的职业。考虑到电子线路计算机辅助设计绘图员职业资格认证的需要,本书力求以实践训练为主,并结合实训的任务,详细介绍电子线路辅助设计中各个环节,按照认证考试大纲要求安排本书内容,并在附录中介绍电子线路计算机辅助设计绘图员职业资格认证的相关内容。

本书共分六个单元,每个单元又分为若干模块。第一单元主要介绍 Protel 99 SE 的文件管理及原理图编辑器环境的设置、电路原理图的电气对象及属性、电路原理图的非电气对象及属性、电路原理图中对象的基本操作、电路原理图设计与编辑、电路原理图编辑技巧以及层次电路设计等内容;第二单元主要介绍元件库编辑器以及元件库文件与元件的创建和编辑等内容;第三单元主要介绍电路仿真分析等内容;第四单元主要介绍 PCB 设计基础、PCB 图的设计与编辑以及 PCB 设计技巧等内容;第五单元主要介绍封装的创建与编辑等内容;第六单元是综合实训。

本书主要作为大中专院校、高职师生、电子线路计算机辅助设计绘图相关的各种培训的教材用书,也可作为电子工程技术人员的参考资料。

由于编者水平有限,加之 Protel 99 SE 涉及的内容十分广泛,书中难免有疏漏和不妥之处,恳请读者朋友批评指正。

编　者
2008 年 8 月

目　录

1　原理图设计与编辑 ·· （ 1 ）

　1.1　文件管理及原理图编辑器环境的设置 ···················· （ 1 ）

　　1.1.1　知识点 ·· （ 1 ）

　　1.1.2　知识点分析 ·· （ 1 ）

　　1.1.3　实践训练 ·· （11）

　1.2　电路原理图的电气对象及属性 ························· （16）

　　1.2.1　知识点 ·· （16）

　　1.2.2　知识点分析 ·· （16）

　　1.2.3　实践训练 ·· （33）

　1.3　电路原理图的非电气对象及属性 ······················ （37）

　　1.3.1　知识点 ·· （37）

　　1.3.2　知识点分析 ·· （37）

　　1.3.3　实践训练 ·· （45）

　1.4　电路原理图中对象的基本操作 ························· （47）

　　1.4.1　知识点 ·· （47）

　　1.4.2　知识点分析 ·· （48）

　　1.4.3　实践训练 ·· （53）

　1.5　电路原理图设计与编辑 ······························· （56）

　　1.5.1　知识点 ·· （56）

　　1.5.2　知识点分析 ·· （56）

　　1.5.3　实践训练 ·· （56）

　1.6　电路原理图编辑技巧 ································· （63）

　　1.6.1　知识点 ·· （63）

　　1.6.2　知识点分析 ·· （63）

　　1.6.3　实践训练 ·· （75）

　1.7　层次电路设计 ····································· （80）

　　1.7.1　知识点 ·· （80）

　　1.7.2　知识点分析 ·· （80）

　　1.7.3　实践训练 ·· （85）

2　制作元器件与元件库 ·· （91）

　2.1　元件库编辑器 ····································· （91）

　　2.1.1　知识点 ·· （91）

　　2.1.2　知识点分析 ……………………………………………………………（91）
　　2.1.3　实践训练 …………………………………………………………………（97）
　2.2　元件库文件与元件的创建和编辑 ………………………………………………（99）
　　2.2.1　知识点 ……………………………………………………………………（99）
　　2.2.2　知识点分析 ………………………………………………………………（99）
　　2.2.3　实践训练 …………………………………………………………………（102）

3　电路仿真分析 …………………………………………………………………（106）
　　3.1.1　知识点 ……………………………………………………………………（106）
　　3.1.2　知识点分析 ………………………………………………………………（106）
　　3.1.3　实践训练 …………………………………………………………………（109）

4　印刷电路板设计与编辑 ………………………………………………………（114）
　4.1　PCB 设计基础 ……………………………………………………………………（114）
　　4.1.1　知识点 ……………………………………………………………………（114）
　　4.1.2　知识点分析 ………………………………………………………………（114）
　　4.1.3　实践训练 …………………………………………………………………（126）
　4.2　PCB 图的设计与编辑 ……………………………………………………………（128）
　　4.2.1　知识点 ……………………………………………………………………（128）
　　4.2.2　知识点分析 ………………………………………………………………（128）
　　4.2.3　实践训练 …………………………………………………………………（144）
　4.3　PCB 设计提高 ……………………………………………………………………（149）
　　4.3.1　知识点 ……………………………………………………………………（149）
　　4.3.2　知识点分析 ………………………………………………………………（149）
　　4.3.3　实践训练 …………………………………………………………………（170）

5　封装的创建与编辑 ……………………………………………………………（176）
　　5.1.1　知识点 ……………………………………………………………………（176）
　　5.1.2　知识点分析 ………………………………………………………………（176）
　　5.1.3　实践训练 …………………………………………………………………（181）

6　综合实训 ………………………………………………………………………（184）
　　6.1.1　实训目的 …………………………………………………………………（184）
　　6.1.2　实训任务 …………………………………………………………………（184）
　　6.1.3　实训步骤指导 ……………………………………………………………（188）
　　6.1.4　重点提示 …………………………………………………………………（198）
　　6.1.5　训练体会 …………………………………………………………………（198）
　　6.1.6　结果考核 …………………………………………………………………（198）
　　6.1.7　思考练习 …………………………………………………………………（198）

附录 ………………………………………………………………………………（199）

参考文献 …………………………………………………………………………（214）

1 原理图设计与编辑

Protel 99 SE 的原理图编辑器为用户提供了高效、便捷的原理图编辑环境,它能产生高质量的原理图输出结果并为印制电路板设计提供网络表。

1.1 文件管理及原理图编辑器环境的设置

1.1.1 知识点

Protel 99 SE 的模块功能及界面组成;Protel 99 SE 的文件管理;Protel 99 SE 原理图编辑器环境设置。

1.1.2 知识点分析

1) Protel 99 SE 模块功能

(1) 电路原理图(Schematic)设计模块

该模块主要包括设计原理图的原理图编辑器,用于生成、修改元件符号的元件库编辑器以及各种报表的生成器。

(2) 印刷电路板(PCB)设计模块

该模块主要包括用于设计电路板的 PCB 编辑器,用于 PCB 自动布线的 Route 模块,用于生成、修改元件封装的元件封装库编辑器以及各种报表的生成器。

(3) 可编程逻辑器件(PLD)设计模块

该模块主要包括具有语法意识的文本编辑器、用于编译和仿真设计结果的 PLD 模块。

(4) 电路仿真(Simulate)模块

该模块主要包括一个能力强大的数/模混合信号电路仿真器,能提供连续的模拟信号和离散的数字信号仿真。

2) Protel 99 SE 界面与组成

(1) 启动界面

Protel 99 SE 是以设计数据库的形式来保存设计过程中的所有信息,文件扩展名为. ddb。当设计者初次启动 Protel 99 SE 后,系统将进入设计环境,如图 1.1 所示。

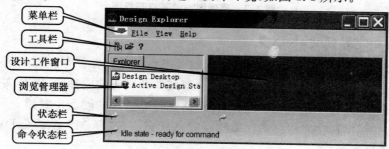

图 1.1 Protel 99 SE 的启动界面

①菜单栏中的菜单命令有:File(文件):文件管理;View(视图):视图管理;Help(帮助):提供帮助。

②工具中的三个工具分别为: :打开与关闭浏览器; :打开设计数据库文件; :提供帮助信息。

(2) 设计数据库打开界面

设计数据库打开界面与启动界面相差不多,只是菜单栏、工具栏、设计窗口、浏览管理器的内容发生了变化。如图 1.2 所示,此时打开了 E:\...\MyDesign. ddb 设计数据库文档。

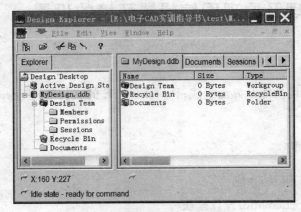

图 1.2　设计数据库打开界面

(3) 原理图编辑器打开界面

原理图编辑器打开界面与启动界面和设计数据库打开界面有明显的不同,菜单栏和工具栏的内容丰富了很多,设计窗口呈现的是绘制原理图的图纸。如图 1.3 所示,此时打开了 E:\...\MyDesign. ddb 中的 Sheet1. Sch 原理图文档。

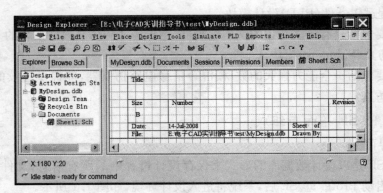

图 1.3　原理图编辑器打开界面

3) Protel 99 SE 的文件管理

Protel 99 SE 在新建一个设计文件数据库时可进行设计文件保存类型的选择,如图 1.4 所示。MS Access Database 表示设计过程中的全部文件即所有的原理图、PCB 文件,都存储在单一的数据库中;Windows File System 表示在对话框底部指定的硬盘位置建立一个设计数据库文件夹,所有文件都保存在文件夹中。系统在默认状态下,选择 MS Access Database 类型,我们也建议选择该种类型。

(1) 文件类型

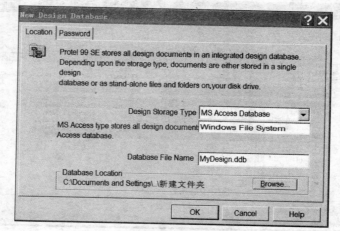

图 1.4 设计文件保存类型的选择

新建.ddb 类型文件后,就可以在.ddb 中建立表 1.1 中的类型文件。

表 1.1 新建文件类型

图 标	文件类型	图 标	文件类型
CAM output configura...	生成 CAM 制造输出配置文件	Schematic Document	原理图文件
Document Folder	文件夹	Schematic Librar...	原理图元件库文件
PCB Document	PCB 文件	Spread Sheet Document	表格文件
PCB Library Document	PCB 元件封装库文件	Text Document	文本文件
PCB Printer	PCB 打印文件	Waveform Document	波形文件

（2）文件操作

①文件的新建:在工作窗口空白处单击鼠标右键,在弹出的快捷菜单中选择 New;或执行菜单命令 File|New,弹出新建文件对话框。在该对话框中选择对应的文件类型图标后,单击 OK 按钮,即在 Documents 文件夹下建立了新的文件或文件夹,如图 1.5 所示。

图 1.5　新建的文件

②文件重命名

对文件或文件夹重命名有两种方法。

第一种方法：在新建文件或文件夹时，直接命名。

第二种方法：将光标移到要更名的文件或文件夹图标上，单击鼠标右键，在弹出的快捷菜单中选择 Rename 命令。此时，文件名变成了编辑状态，输入新的名字即可。

③文件打开与关闭

➤ 打开文件夹和文件的方法

用鼠标左键单击文件管理器窗口导航树中的文件图标，或在右边的工作窗口双击文件（文件夹）图标，即可打开它们。打开的文件以标签的形式显示在工作窗口中，并成为活动窗口。如图 1.6 所示，已打开的文件夹和文件以层的结构按打开顺序排列，其中 Sheet1. Sch 文件是当前的活动窗口。

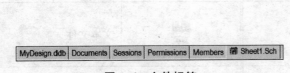

图 1.6　文件标签

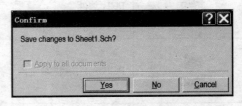

图 1.7　确认对话框

➤ 关闭文件的方法

第一种方法：执行菜单命令 File|Close，可将打开的文件关闭，同时文件标签也消失。如果文件在打开后被修改过，系统会弹出一个确认对话框，如图 1.7 所示，询问是否在关闭文件之前先保存。选择 Yes 按钮，为保存；选择 No 按钮，为不保存而直接关闭该文件。

第二种方法：将光标移到工作窗口中要关闭的文件标签上，单击鼠标右键，在弹出的快捷菜单中选择 Close 命令。

第三种方法：在文件管理器中，将光标移到已打开的文件图标上，单击鼠标右键，在弹出的快捷菜单中，选择 Close 命令。

④文件保存

系统提供的保存文件的方法有三种。

第一种方法:执行菜单命令 File|Save,或单击工具栏的■按钮,可保存当前打开的文件。

第二种方法:执行菜单命令 File|Save Copy As(另存为),将当前打开的文件更名保存为一个新文件。系统弹出 Save Copy As 对话框,如图1.8所示,在 Name 文本框中输入新文件名,图中 Name 文本框中的名字为系统默认名;在 Format 下拉列表框中,选择文件的格式。单击 OK 按钮完成保存操作。

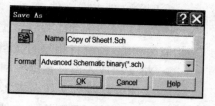

图1.8 Save Copy As 对话框

第三种方法:执行菜单命令 File|Save All,保存当前打开的所有文件。

⑤文件导出导入

导出操作步骤如下:

a) 在工作窗口中,将光标移到要导出的文件图标上,单击鼠标右键,在弹出的快捷菜单中选择 Export。

b) 在弹出的导出文件对话框中,设定导出文件的路径及导出后的文件名,单击保存按钮,完成导出操作。导出后,到指定的路径下,查看导出文件会发现,导出后的文件容量比该文件在设计数据库中的容量要小得多,这也是为什么要导出文件的主要原因。

选中要导出的文件图标,然后执行菜单命令 File|Export,或在文件管理器下,将光标移到要导出的文件上,单击鼠标右键,在弹出的快捷菜单中选择 Export 命令,也可完成导出操作。

导入操作步骤如下:

a) 在设计数据库中,选择目标文件夹(打开该文件夹即可),在工作窗口的空白处单击鼠标右键。

b) 如在弹出的快捷菜单中选择 Import,随后在导入文件对话框中,选择要导入文件的路径和名称,单击打开按钮,完成导入文件的操作;如选择 Import Folder 命令,则完成导入文件夹的操作。

执行菜单命令 File|Import,也可完成文件的导入操作。

⑥文件链接

a) 打开要链接文件的目标文件夹,执行菜单命令 File|Link Document;或在工作窗口的空白处,单击鼠标右键,在弹出的快捷菜单中选择 Link 命令。

b) 系统弹出 Link Document(链接文件)对话框。选择要链接文件的路径及名称后,单击打开按钮,完成链接文件的操作。则在目标文件夹下,多出一个虚化的文件快捷方式图标。

⑦文件剪切、复制与粘贴

➤ 复制文件

a) 将光标移到要复制的文件图标上,单击鼠标右键,在弹出的快捷菜单中选择 Copy 命令,则该文件进入剪贴板中。

b) 先选择目的文件夹,然后将光标移到工作窗口的空白处,单击鼠标右键,弹出快捷菜单。

c) 如选择 Paste 命令,则将剪贴板中的内容复制到目的文件夹中,并在工作窗口中显示;如选择 PasteShortcut 命令,那么剪贴板中的内容仅复制快捷方式。

➤ 移动文件

a) 将光标移到要移动的文件图标上,单击鼠标右键,在弹出的快捷菜单中选择 Cut 命令,该文件进入剪贴板中。

b) 选择目的文件夹,然后将光标移到工作窗口的空白处,单击鼠标右键,在弹出的快捷菜单中选择 Paste 命令,完成文件的移动操作,并在工作窗口中显示。

⑧删除文件夹或文件

Protel 99 SE 为每个设计数据库建立了一个回收站(Recycle Bin),它提供与 Windows 回收站相似的功能,系统将删除的文档发送到回收站,而不是立即永久删除。

➤ 将文档放入设计数据库回收站

a) 关闭要删除的文件夹或文件。

b) 将光标移到要删除的文件夹或文件图标上,单击鼠标右键,在弹出的快捷菜单中选择 Delete 命令,系统将弹出 Confirm(确认)对话框,询问是否确实将该文件放入 Recycle Bin,单击 Yes 按钮,则将文档放入设计数据库回收站。

➤ 彻底删除文档

a) 关闭要删除的文件夹或文件。

b) 在工作窗口选中文件夹或文件(用鼠标左键单击文件名即可)。

c) 按 Shift+Delete 键,系统弹出 Confirm(确认)对话框,询问是否确实删除该文件,选择 Yes 即删除。

⑨恢复文档

对于放入回收站的文件,系统可以将其还原。

a) 在工作窗口中打开回收站。

b) 在要还原的文件图标上单击鼠标右键,在弹出的快捷菜单中选择 Restore,或选中该文件名执行菜单命令 File | Restore,则将该文件还原到原路径下。

⑩清空回收站

a) 在工作窗口中打开回收站。

b) 在空白处单击鼠标右键,选择 Empty Recycle Bin,即可删除回收站中的所有内容。

4) 原理图编辑器环境设置

(1) 窗口设置

窗口顶部为主菜单和主工具栏,左部为设计管理器(Design Manager),右边大部分区域为编辑区,底部为状态栏及命令栏,中间几个浮动窗口为常用工具栏,如图 1.3 所示。除主菜单外,上述各部件均可根据需要打开或关闭。设计管理器与编辑区之间的界线可根据需要左右拖动。几个常用工具栏除可以活动窗口的形式出现外,还可将它们分别置于屏幕上下左右任意一个边上。

(2) 图纸设置

打开图纸设置对话框的操作步骤是:

①执行菜单命令 Design|Options,或在图纸区域内单击鼠标右键,在弹出的快捷菜单中选择 Document Options。

②系统弹出 Document Options 对话框,如图 1.9 所示,选择 Sheet Options(图纸设置)选项卡。

下面介绍该窗口中两个选项卡各项的含义。

■ 图纸设置选项卡(Sheet Options 选项卡)

图纸的单位是 mil, 1 mil = 1 / 1 000 in = 0.025 4 mm。

该选项卡中的内容说明如下:

①Standard Style 区域:设置图纸尺寸。

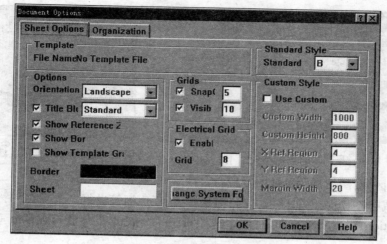

图 1.9　Document Options 对话框

用鼠标左键单击 Standard 旁边的下拉按钮,可从中选择图纸的大小。
Protel 99 SE 提供了多种图纸尺寸,如表 1.2 所示。

表 1.2　Protel 99 SE 提供的标准图纸尺寸

代　号	尺寸(in)	代　号	尺寸(in)
A4	11.5×7.6	E	42×32
A3	15.5×11.1	Letter	11×8.5
A2	22.3×15.7	Legal	14×8.5
A1	31.5×22.3	Tabloid	17×11
A0	44.6×31.5	OrcadA	9.9×7.9
A	9.5×7.5	OrcadB	15.6×9.9
B	15×9.5	OrcadC	20.6×15.6
C	20×15	OrcadD	32.6×20.6
D	32×20	OrcadE	42.8×32.2

②Custom Style 区域:自定义图纸尺寸。

要自定义图纸尺寸,首先要选中 Use Custom 复选框,如图 1.10 所示。

a) Custom Width:设置图纸宽度。

b) Custom Height:设置图纸高度。

c) X Ref Region:设置 X 轴框参考坐标刻度。

d) Y Ref Region:设置 Y 轴框参考坐标刻度。

e) Margin Width:设置图纸边框宽度。

图 1.10 自定义图纸设置

图 1.11 Options 选项区域

③Options 区域：图纸显示参数的设置。

在这个区域中，用户可以对图纸方向、标题栏、图纸边框等进行设置，如图 1.11 所示。

a) Orientation：设置图纸方向，有两个选项：Landscape 水平放置；Portrait 垂直放置，如图 1.12 所示。

图 1.12 设置图纸方向

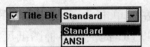

图 1.13 设置图纸标题栏

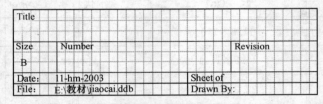

图 1.14 Standard 标题栏

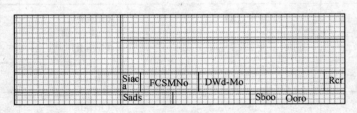

图 1.15 ANSI 标题栏

b) Title Block：设置图纸标题栏（见图 1.13），有两个选项：Standard 标准型模式，如图1.14所示；ANSI 美国国家标准协会模式，如图 1.15 所示。选中 Title Block 前的复选框，则显示标题栏，否则不显示。

c) Show Reference Zone：显示图纸参考边框，选中则显示。

d) Show Border：显示图纸边框，选中则显示。

e) Border：设置图纸边框颜色。

f) Sheet：设置图纸底色。

④Grids 区域：图纸栅格设置。

a) Snap On：锁定栅格，光标移动的步长。选中此项表示光标移动时以 Snap On 右边的设置值为单位。

b) Visible:可视栅格,屏幕上实际显示的栅格距离。选中此项表示栅格可见,栅格的尺寸为 Visible 右边的设置值。

锁定栅格和可视栅格是相互独立的。如图 1.16 所示为两项的系统默认值,一般可以将 Snap On 设置为 5,Visible 仍为 10,这样设置的效果是光标一次移动半个栅格,这在以后绘制电路原理图的过程中是十分方便的。

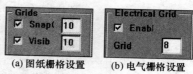

(a) 图纸栅格设置　　(b) 电气栅格设置

图 1.16　栅格设置

c) Electrical Grid:电气节点。选中此项,系统在连接导线时,以光标位置为圆心,以 Grid 栏中的设置值为半径,自动向四周搜索电气节点,当找到最接近的节点时,就会将光标自动移到此节点上,并显示一个圆点。此项一般选中。

■ 文件信息选项卡(Organization 选项卡)

Organization 选项卡主要用来设置电路原理图的文件信息,为设计的电路建立档案,如图 1.17 所示。

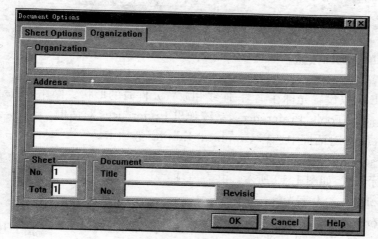

图 1.17　Organization 选项卡

该选项卡中的内容说明如下:

a) Organization 区域:公司或单位的名称。

b) Address 区域:公司或单位的地址。

c) Sheet 区域:电路图编号。其中包括 No. 本张电路图编号;Total 本设计文档中电路图的数量。

d) Document 区域:文件的其他信息。其中包括 Title 本张电路图的标题;No. 本张电路图编号;Revision 电路图的版本号。

用户可以将文件信息与标题栏配合使用,构成完整的电路原理图文件信息。

(3) 网格设置

Protel 99 SE 提供了两种不同形状的网格:线状(Line)网格和点状(Dot)网格。网格设置的操作步骤是:

①执行菜单命令 Tools|Preferences,系统弹出 Preferences 对话框。

在 Graphical Editing 选项卡中单击 Cursor/Grid Options 区域中 Visible 选项的下拉列表框,从中选择网格的类型,如图 1.18 所示。系统的默认设置是线状网格。

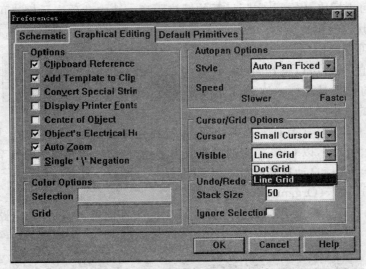

图 1.18　在 Preference 对话框中进行网格设置

②设置完毕单击 OK 按钮。

（4）光标设置

Protel 99 SE 可以设置光标在画图、连线和放置元件时的形状。操作方法是：

①执行菜单命令 Tools|Preferences，系统弹出 Preferences 对话框。

②在 Preferences 对话框中选择 Graphical Editing 选项卡。

③单击 Cursor/Grid Options 区域中 Cursor 选项的下拉列表

框，从中选择光标形式，如图 1.19 所示。共有三项：

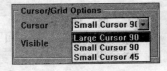

Large Cursor 90：大十字光标

Small Cursor 90：小十字光标

Small Cursor 45：小 45°十字光标

图 1.19　光标设置

（5）设置对象的系统显示字体

这里的对象指的是元件引脚号和电源符号等，电路图中其他对象的字体可在对应的这几种对象的属性对话框中设置。设置对象的系统显示字体操作步骤是：

①执行菜单命令 Design|Options；或在图纸区域内单击鼠标右键，在弹出的快捷菜单中选择 Document Options。

②系统弹出 Document Options 对话框，如图 1.9 所示，选择 Sheet Options（图纸设置）选项卡。

③单击 Change System Font 按钮，系统弹出字体对话框，如图 1.20 所示。

④设置完毕单击 OK 按钮。

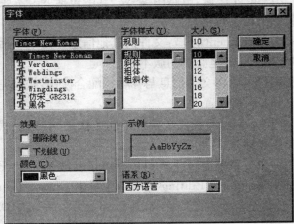

图 1.20　字体对话框

1.1.3　实践训练

1）训练任务

（1）建立一个以自己中文名字命名的文件夹，并在文件夹中新建一个设计数据库，选择 MS Access Database 保存类型，名称为 Lx1_1.ddb。

（2）关闭第（1）题中新建的设计数据库文件 Lx1_1.ddb 和 Protel 99 SE 后，再打开 Lx1_1.ddb。

（3）在 Lx1_1.ddb 中，新建一个文件夹，并在该文件夹下，分别创建原理图和 PCB 文件，所有名称均采用系统默认名。

（4）将（1）、（3）中新建的文件夹和两个文件分别更名为 LX、Lx.Sch 和 Lx.PCB。

（5）在工作窗口或文件管理器中，练习打开和关闭文件夹或文件的操作。

（6）练习三种保存文件的操作，并比较它们之间的区别。

（7）将（4）中建立的 LX 文件夹下的两个文件 Lx.Sch 和 Lx.PCB 导出到 C:\。

（8）新建一个设计数据库 MyDesign1.ddb，将（5）中导出的两个文件 Lx.Sch 和 Lx.PCB，导入到该设计数据库中的 Documents 文件夹。

（9）在 LX 文件夹下，链接一个文本文件，并观察链接文件的图标。

（10）在设计数据库 MyDesign1.ddb 下，新建一个文件夹 LX1。然后将 LX 中的 Lx.Sch 文件复制到 LX1 中；将 Lx.PCB 移动到 LX1 中。

（11）在设计数据库 MyDesign1.ddb 下，将文件夹 LX1 下的文件全部删除。然后进入回收站，将 Lx.Sch 文件彻底删除，将 Lx.PCB 文件还原。

（12）在（1）的基础上，建立名为 FIRSCH 的原理图文件，并进入原理图设计窗口。

（13）设置原理图的图纸尺寸为 A4，去掉可视栅格，去掉标题栏。

（14）把光标设置成大十字，并设置光标移动到图纸边沿时的速度为 Auto Pan Recenter。

（15）去掉图纸模板复制到剪贴板功能。

2）步骤指导

（1）建立 D:\ 张三或 E:\ 张三（假设姓名为张三）文件夹，在 Protel 99 SE 图标上双击鼠标左键打开 Protel 99 SE，执行 File|New Design 菜单命令，弹出如图 1.21 所示窗口。

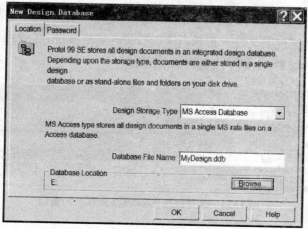

图 1.21　执行 File|New Design 菜单命令窗口

在文件保存类型（Design Storage Type）中选择 Ms Access Database 类型，单击 Browse 命令按钮，选择"E:\张三"文件夹。在 Database File Name 中填入文件名 Lx1_1.ddb，如图 1.22 所示。单击 OK 命令按钮。

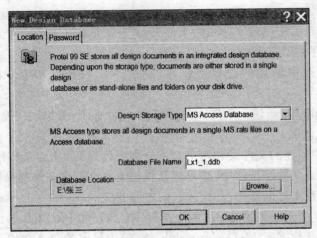

图 1.22　新建 Lx1_1.ddb 窗口

（2）关闭 Protel 99 SE。双击 D:\张三\Lx_1.ddb，启动 Protel 99 SE，打开 Lx_1.ddb 设计数据库文件。

（3）执行 File | New 菜单命令，在弹出的窗口中选择 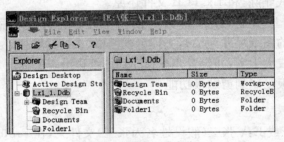，单击 OK 命令按钮。建立 Folder1 文件夹，如图 1.23 所示。

图 1.23　新建文件夹窗口

双击图 1.23 窗口中的 Folder1，执行 File | New 菜单命令，在弹出的窗口中选择 ，单击 OK 命令按钮，建立原理图文件。再执行 File | New 菜单命令，在弹出的窗口中选择 ，单击 OK 命令按钮，建立 PCB 文件，如图 1.24 所示。

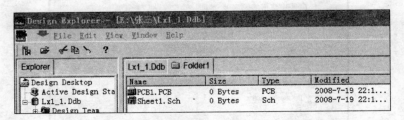

图 1.24　建立原理图和 PCB 文件后的窗口

(4) 在图 1.24 的 Sheet1.Sch 上单击右键,在弹出的菜单中选择 Rename,如图 1.25 所示。把 Sheet1.Sch 改为 Lx.Sch;用同样的方法把 PCB1.PCB 改为 Lx.PCB。执行 File|Close 菜单命令,关闭 Folder1 文件夹,再用同样的方法把 Folder1 改为 LX。

图 1.25 选择 Rename 窗口

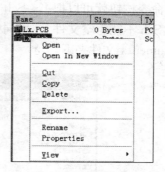

图 1.26 右键窗口

在工作窗口中,将光标移到要关闭的文件标签上,单击鼠标右键,在弹出的快捷菜单中选择 Close 命令。在文件管理器中,将光标移到已打开的文件图标上,单击鼠标右键,在弹出的快捷菜单中,选择 Close 命令,也可将该文件关闭。

(5) 除了(4)中关闭文件和文件夹的方法外,执行菜单命令 File|Close,也可将打开的文件关闭,同时文件标签消失。如果文件在打开后已经被修改,系统会弹出一个确认对话框,询问是否在关闭文件之前先保存:选择 Yes 按钮,为保存;选择 No 按钮,为不保存而直接关闭该文件。文件关闭后,用鼠标左键单击文件管理器窗口导航树中的文件图标,或在右边的工作窗口双击文件(文件夹)图标,即可打开它们。打开的文件以标签的形式显示在工作窗口中,并成为活动窗口。

(6) 第一种方法:执行菜单命令 File|Save,或单击工具栏的 ▣ 按钮,保存当前打开的文件。第二种方法:执行菜单命令 File|Save Copy As(另存为),将当前打开的文件更名保存为一个新文件。系统弹出一个 Save Copy As 对话框,如图 1.8 所示,在 Name 文本框中输入新的文件名,现图中 Name 文本框中的名字为系统默认名;在 Format 下拉列表框中,选择文件的格式,单击 OK 按钮完成保存操作。第三种方法:执行菜单命令 File|Save All,保存当前打开的所有文件。

(7) 在 Lx.Sch 上单击右键,在弹出的菜单中选择 Export 命令,如图 1.26 所示。在如图 1.27 所示的窗口中,选择"保存在:本地磁盘(C:)",单击"保存"命令按钮,Lx.Sch 导出到 C:\。用同样的方法把 Lx.PCB 导出到 C:\。

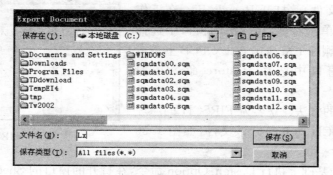

图 1.27 Export 窗口

（8）用（1）中的方法，在"C:\张三"中建立设计数据库文件，双击打开 Documents 文件夹，执行 File|Import 菜单命令。

在如图 1.28 所示的窗口中，选择"查找范围：本地磁盘（C：）"，文件名选中 Lx（SCH 文件），单击"打开"命令按钮就可以把 Lx.Sch 导入到 MyDesign1.ddb 设计数据库中的 Documents 文件夹下（Lx.Sch 不能为空文件）。用同样的方法把 Lx.PCB 导入到 MyDesign1.ddb 设计数据库中的 Documents 文件夹下。

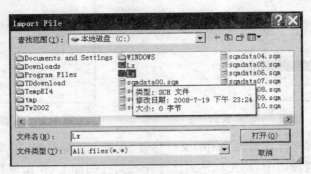

图 1.28　Import 窗口

（9）在 C:\建立 TXT.txt 文本文件。在 Protel 99 SE 中打开 LX 文件夹，执行 File|Link Document…菜单命令，在弹出的窗口中选中 C:\TXT.txt 再单击"打开"命令按钮即可完成文件的链接，如图 1.29 所示。

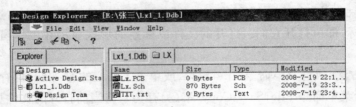

图 1.29　链接文件后的窗口

（10）打开 Lx_1.ddb，在文件管理窗口中展开 LX 中的文件。执行 File|Open 菜单命令，打开 MyDesign1.ddb 设计数据库；执行 File|New 菜单命令，新建 LX1 文件夹。把 LX 中的 Lx.Sch 和 Lx.PCB 分别拖入 LX1。

（11）在 MyDesign1.ddb 中，打开 Documents 文件夹。在文件夹工作窗口的 Lx.Sch 图标上单击右键，在弹出的窗口中选择 Delete 命令，再单击 Yes 命令按钮即可把 Lx.Sch 删除；用同样的方法删除 Lx.PCB（若 Lx.Sch 和将 Lx.PCB 为打开状态，先关闭文件）。打开 Recyde Bin，在工作窗口的 Lx.Sch 上单击右键，在弹出的窗口中选择 Delete 命令将彻底删除 LX.Sch；在 Lx.PCB 上单击右键，在弹出的窗口中选择 Restore 命令还原 Lx.PCB文件。

（12）按照（3）的方法建立名为 FIRSCH 的原理图文件，双击 FIRSCH.Sch 打开该文件，如图 1.30 所示。

图 1.30　FIRSCH.Sch 窗口

（13）在（12）的基础上执行 Design|Option 命令，在打开的窗口的 Sheet Options 选项卡中

做如图 1.31 所示的设置,单击"OK"命令按钮。

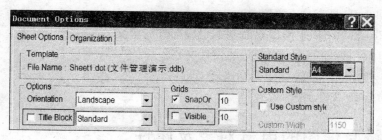

图 1.31　Design|Option 设置

　　(14) 在(12)的基础上执行 Tools|Preferences 命令,在打开的窗口的 Graphical Editing 选项卡中做如图 1.32 所示的设置,单击"OK"命令按钮。

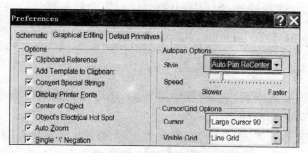

图 1.32　Tools|Preferences 设置

　　(15) 在(12)的基础上执行 Tools|Preferences 命令,在打开的窗口的 Graphical Editing 选项卡中做如图 1.33 所示的设置,单击"OK"命令按钮。

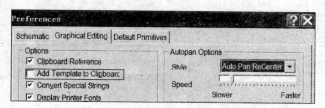

图 1.33　Tools|Preferences 设置

3) 重点提示

在执行菜单命令时可适当的应用快捷键,提高工作效率。

4) 训练体会

_____

_____

_____

_____

_____。

5) 结果考核

_____。

6）思考练习

（1）Protel 99 SE 具有什么新功能？

（2）阐述 Protel 99 SE 主窗口界面基本组成部分的含义。

（3）怎样组织和管理 Protel 99 SE 的设计文件？

（4）试用 3 种不同的方法启动 Protel 99 SE。

（5）如何给 .ddb 文件加密码？

1.2　电路原理图的电气对象及属性

1.2.1　知识点

原理图编辑器；元件库管理器；原理图中的电气对象及对象属性。

1.2.2　知识点分析

1）原理图编辑器

设计与绘制原理图是在原理图编辑器中进行的，还可以利用菜单命令和工具来完成原理图中电气对象和非电气对象的各种操作。

打开一个原理图文件就进入了原理图编辑器。原理图编辑器共有两个窗口，左边为管理窗口，右边为工作窗口，如图 1.34 所示。下面介绍编辑器界面中的主要部分。

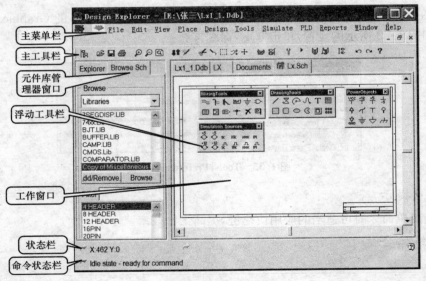

图 1.34　原理图编辑器窗口

（1）主菜单栏

File：文件菜单，完成文件方面的操作，如新建、打开、关闭、打印文件等。

Edit：编辑菜单，完成编辑方面的操作，如拷贝、剪切、粘贴、选择、移动、拖动、查找替换等。

View：视图菜单，完成显示方面的操作，如编辑窗口的放大与缩小、工具栏的显示与关闭、状态栏和命令栏的显示与关闭等。

Place：放置菜单，完成在原理图编辑器窗口放置各种对象的操作，如放置元件、电源接地符号、绘制导线等。

Design：设计菜单，完成元件库管理、网络表生成、电路图设置、层次原理图设计等操作。

Tools：工具菜单，完成 ERC 检查、元件编号、原理图编辑器环境和默认设置的操作。

Simulate：仿真菜单，完成与模拟仿真有关的操作。

PLD：如果电路中使用了 PLD 元件，可实现 PLD 方面的功能。

Reports：完成产生原理图各种报表的操作，如元器件清单、网络比较报表、项目层次表等。

Window：完成窗口管理的各种操作。

Help：帮助菜单。

主菜单命令中带有下划线的字母即为该命令对应的快捷键。如 Place|Part 操作可简化为按两下 P 键；再如 Edit|Select|All 操作可简化为依次按 E 键、S 键、A 键。

（2）主工具栏

主工具栏中的每一个按钮，都对应一个具体的菜单命令。表1.3 中列出了这些按钮的功能及其对应的菜单命令。可执行菜单命令 View|Toolbars|Main Tools 打开与关闭主工具栏。

表1.3 主工具栏按钮功能

按　钮	功　能
	切换显示文档管理器，对应于 View|Design Manager
	打开文档，对应于 File|Open
	保存文档，对应于 File|Save
	打印文档，对应于 File|Print
	画面放大，对应于 View|Zoom In
	画面缩小，对应于 View|Zoom Out
	显示整个文档，对应于 View|Fit Document
	层次原理图的层次转换，对应于 Tools|Up/Down Hierarchy
	放置交叉探测点，对应于 Place|Directives|Probe
	剪切选中的对象，对应于 Edit|Cut
	粘贴，对应于 Edit|Paste
	选择选项区域内的对象，对应于 Edit|Select|Inside
	撤销选择，对应于 Edit|Deselect|All

（续表 1.3）

按　钮	功　能
 ✛	移动选中的对象，对应于 Edit|Move|Move Selection
 📖	打开或关闭绘图工具栏，对应于 View|Toolbar|Drawing Tools
 📖	打开或关闭布线工具栏，对应于 View|Toolbar|Wiring Tools
 🍴	仿真分析设置
▶	运行仿真器，对应于 Simulate|Run
 📕	加载或移去元件库，对应于 Design|Add/Remove
 📘	浏览已加载的元件库，对应于 Design|Browse Library
 📋	增加元件的单元号，对应于 Edit|Increment Part
 ↶	取消上次操作，对应于 Edit|Undo
 ↷	恢复取消的操作，对应于 Edit|Redo
 ?	激活帮助

（3）元件库管理器窗口

元件库管理器与浏览管理器共用一个窗口，执行菜单命令 View\|Design Manager 或单击主工具栏上的 📋 图标，可以打开或关闭管该窗口。单击 Explorer Browse Sch 中的 Explorer 或 Browse Sch 可切换到浏览管理器窗口或元件管理器窗口。

（4）浮动工具栏

在 Protel 99 SE 的原理图编辑器中，提供了各种浮动工具栏。

①Wiring Tools 工具栏

Wiring Tools 工具栏提供了原理图中电气对象的放置命令。

要打开或关闭 Wiring Tools 工具栏可执行菜单命令 View \|Toolbars\|Wiring Tools；或单击主工具栏中的 📋 按钮。

Wiring Tools 工具栏如图 1.35 所示，其中：

图 1.35　Wiring Tools
工具栏

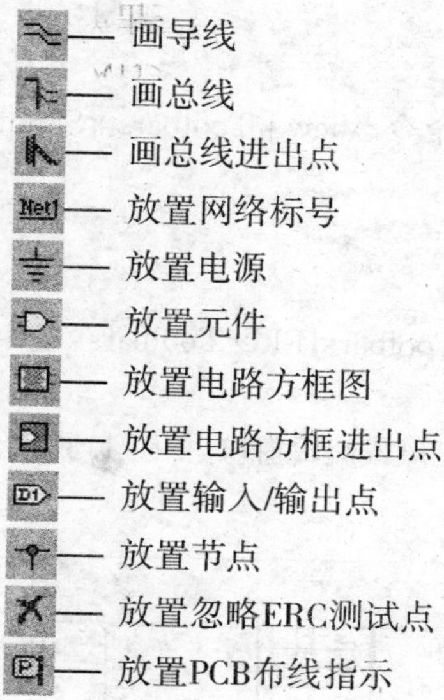

— 画导线

— 画总线

— 画总线进出点

— 放置网络标号

— 放置电源

— 放置元件

— 放置电路方框图

— 放置电路方框进出点

— 放置输入/输出点

— 放置节点

— 放置忽略ERC测试点

— 放置PCB布线指示

②Drawing Tools 工具栏

Drawing Tools 工具栏提供了绘制原理图所需要的各种图形，如直线、曲线、多边形、文本等。

要打开或关闭 Drawing Tools 工具栏可执行菜单命令 View| Toolbars|Drawing Tools；或单击主工具栏中的  按钮。

图 1.36 **Drawing Tools 工具栏**

Drawing Tools 工具栏如图 1.36 所示，其中：

——— 绘制直线

——— 绘制多边形

——— 绘制椭圆弧线

——— 绘制曲线

——— 放置注释文字

——— 放置文本框

——— 绘制矩形

——— 绘制圆角矩形

——— 绘制椭圆

——— 绘制饼图

——— 插入图片

——— 粘贴文本阵列

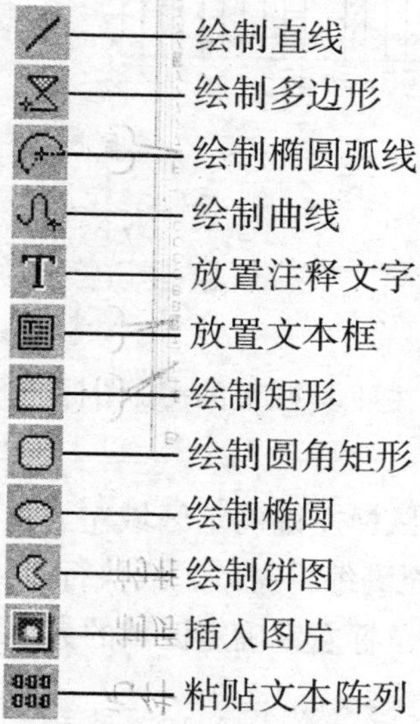

③Power Objects 工具栏

Power Objects 工具栏提供了在绘制电路原理图时常用的电源和接地符号。

要打开或关闭 Power Objects 工具栏可执行菜单命令 View|Toolbars|Power Objects。

④Digital Objects 工具栏

Digital Objects 工具栏提供了常用的数字器件。

要打开或关闭 Digital Objects 工具栏可执行菜单命令 View|Toolbars|Digital Objects。

⑤Simulation Sources 工具栏

Simulation Sources 工具栏提供了有用的模拟信号源。

要打开或关闭 Simulate Sources 工具栏可执行菜单命令 View | Toolbars | Simulate Sources。

⑥PLD Tools 工具栏

PLD Toolbars 工具栏是在原理图中支持可编程设计。

要打开或关闭 PLD Tools 工具栏可执行菜单命令 View|Toolbars|PLD Toolbars。

（5）工作窗口

工作窗口是设计、绘制和编辑原理图的地方,也成为设计窗口或编辑窗口,如图 1.37 所示。工作窗口的视图可以通过菜单 View 来管理。

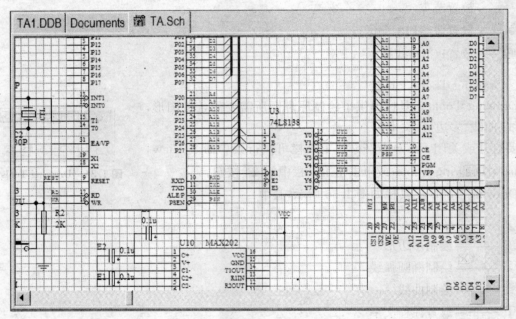

图 1.37 原理图工作窗口

➢ 显示整个电路图及边框:执行 View|Fit Document 或单击主工具栏上的 ⊙ 图标。

➢ 显示整个电路图(不包括边框):执行 View|Fit All Objects。

➢ 放大指定区域:执行 View|Area,光标变成十字形。单击鼠标左键确定区域左上角,在对角线位置单击鼠标左键确定区域右下角,则选中的区域放大到充满编辑窗口。或执行 View|Around Point,第一次单击鼠标左键确定区域的中心,第二次单击鼠标左键确定区域的大小。

➢ 将电路按 50% 大小显示:执行 View|50%。

➢ 将电路按 100% 大小显示:执行 View|100%。

➢ 将电路按 200% 大小显示:执行 View|200%。

➢ 将电路按 400% 大小显示:执行 View|400%。

➢ 放大画面:执行 View|Zoom In,或单击 ⊕ 图标,或按 Page Up 键。

➢ 缩小画面:执行 View|Zoom Out,或单击 ⊖ 图标,或按 Page Down 键。

➢ 以光标为中心显示画面:执行 View|Pan。只能用快捷键执行此命令,先按 V 键,再按 P

键,此时光标变成十字形,在要显示区域的中心单击鼠标左键并拖动光标,此时屏幕上形成一个虚线框,在此虚线框的任意一个角单击一下左键,则选定区域出现在编辑窗口中心。

➤ 刷新屏幕:执行 View|Refresh 或按 End 键。

2)元件库管理器

在绘制原理图时用到的元器件元件由元件库管理器管理,主要包括元件库的加载和移出以及元器件的相关操作。

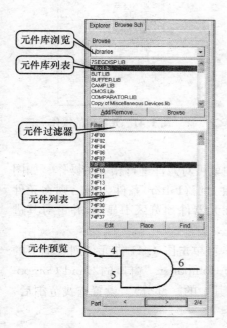

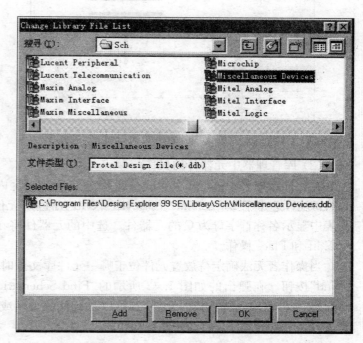

图 1.38　Browse Sch 选项卡　　　　图 1.39　Change Library File List(加载或移出元件库)对话框

(1)元件库的加载和移出

在原理图编辑器中使用元件库,首先要将元件库加载到编辑器中,有以下三种方法:

①打开(或新建)一个原理图文件。在 Design Explore 管理器中选择 Browse Sch 选项卡。在 Browse 的下拉列表框中选择 Libraries。单击 Add/Remove 按钮,如图 1.38 所示,弹出 Change Library File List(加载或移出元件库)对话框,如图 1.39 所示。在存放元件库的路径下,选择所需元件库文件名,然后单击 Add 按钮,则选中的元件库文件名出现在 Selected Files显示框内。重复上述操作,加载多个元件库,最后单击 OK 按钮关闭此对话框,加载完毕。

若从原理图中移出元件库,仍是在 Browse Sch 选项卡中单击 Add/Remove 按钮,在弹出的图 1.38 的 Selected Files 显示框中选中文件名,单击 Remove 按钮。

②执行菜单命令 Design|Add/Remove Library,弹出图 1.39 对话框,以后操作同上。

③单击主菜单中的 █ 图标,弹出图 1.39 对话框,以后操作同上。

单击图 1.38 中的 Browse 可进行库的浏览,如图 1.40 所示。

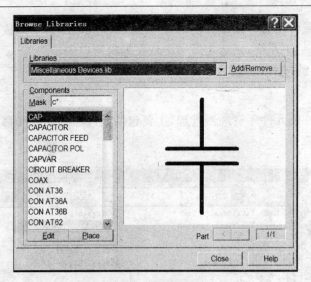

图 1.40　库浏览窗口

图 1.41　元器件的操作

（2）库管理器中元器件的操作

在元件库列表中选择了某个元件库后，在元件管理区内就可对元件进行相关的操作。如图 1.41 所示，选中了 Miscellaneous Devices. ddb 元件库，元件过滤（Filter）条件为 C*，则在元件列表中显示名称首字母为 C 的元器件。选中的元器件将在元器件预览区中显示，并可对其进行 Edit 和 Place 操作。

当操作者无法确定待放置元件位于哪一元件库文件时，可单击图 1.41 内元件列表框下的 "Find" 按钮。在弹出的如图 1.42 所示的 "Find Schematic Component" 窗口的 "Find Component" 文本框内输入待查找的元件名（可以是元件的全名或其中的一部分）。设置查找范围后，单击 "Find Now" 按钮，启动元件查询操作。

图 1.42　Find Schematic Component 窗口

在绘制原理图时常用以下几个库。Protel DOS Schematic Libraries：原 DOS 版元件数据库，内含十几种常用元件库；Miscellaneous Devices：分立元件库，含各种常用分立元件；Intel

Databooks：Intel 公司元件库，主要为各种微处理器。

3) 原理图中的电气对象及对象属性

电原理图编辑就是使用电子元器件的电气图形符号以及绘制电原理图所需的导线、总线等绘图工具来描述电路系统中各元器件之间的连接关系。

原理图中有两类对象：一类是电气图形对象，包括元件（也称元件图形符号）、导线、电气节点、电源/接地、总线/总线分支/网络标号、I/O 端口等；另一类是说明性的图形和文字。

（1）元件

在电路原理图中元件是一种被电子、电气工程技术人员等接受的、可便利进行协作和交流的通用的图形符号。如表 1.4 所示为部分常用的元件。

表 1.4 部分常用的元件

名　称	库中的名称	图　形
天　线	ANTENNA	
变压器	TRANS1	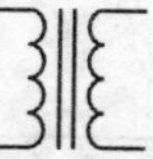
电　容	CAP	
电解电容	ELECTRO	
二极管	DIODE	
电　感	INDUCTOR	
N 沟道场效应管	JFET N	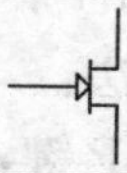
P 沟道场效应管	JFET P	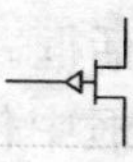
灯　泡	LAMP	
发光二极管	LED	
或非门	NOR	
与非门	NAND	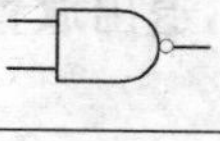

（续表 1.4）

名　称	库中的名称	图　形
非　门	NOT	
或　门	OR	
NPN 三极管	NPN	
PNP 三极管	PNP	
感光三极管	PNP-PHOTO	
运　放	OPAMP	
感光二极管	PHOTO	
电　阻	RES2	
可变电阻	RES4	
按　钮	SW-PB	

· 放置元件

第一种方法：

①按两下 P 键，系统弹出如图 1.43 所示的 Place Part（放置元件）对话框。

②在对话框中依次输入元件的各属性值后单击 OK 按钮。

③光标变成十字形，且元件符号处于浮动状态，随十字光标的移动而移动，如图 1.44 所示。

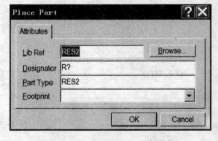

图 1.43　Place Part 对话框

在元件处于浮动状态时，可按空格键旋转元件的方向，或按 X 键使元件水平翻转，或按 Y 键使元件垂直翻转。

④调整好元件方向后，单击鼠标左键放置元件，如图 1.45 所示。

⑤系统再次弹出 Place Part（放置元件）对话框，可重复上述步骤，放置其他元件；或单击 Cancel 按钮，退出放置状态。

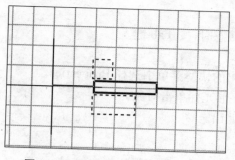

图 1.44 处于浮动状态的元件符号

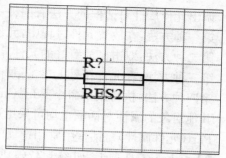

图 1.45 放置好的元件符号

第二种方法：

单击 Wiring Tools 工具栏中的 ▷ 图标，系统弹出如图 1.43 所示的对话框，以后操作同上。

第三种方法：

执行菜单命令 Place|Part，系统弹出如图 1.43 所示的对话框，以后操作同上。

第四种方法：

①在元件库选择区中选择相应的元件库名。

②在元件浏览区中选择元件名。

③单击 Place 按钮，则该元件符号附着在十字光标上，处于浮动状态。此时元件符号可移动，也可按空格键旋转，或按 X 键或 Y 键翻转。

④元件符号移动到适当位置后，单击鼠标左键放置元件。

⑤单击鼠标右键退出放置元件状态。

第五种方法：

如果元件名不知道，可在 Place Part 对话框中单击 Browse 按钮，出现如图 1.46 所示的 Browse Libraries（浏览元件库）对话框。通过浏览找到元件后，单击"Place"放置。

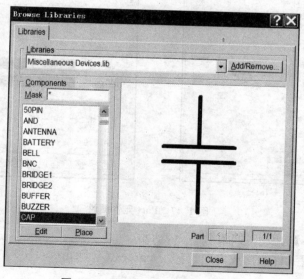

图 1.46 Browse Libraries 对话框

- 元件属性

Protel 99 SE 中对原理图元件符号设置了属性。元件的属性编辑在如图 1.47 所示的 Part（元件属性）对话框中进行。

调出元件属性对话框的方法有四种：

第一种方法：在放置元件过程中，元件处于浮动状态时，按 Tab 键。

第二种方法：双击已放置好的元件。

第三种方法：在元件符号上单击鼠标右键，在弹出的快捷菜单中选择 Properties。

第四种方法：执行菜单命令 Edit|Change，用十字形光标单击对象。

其他对象的属性对话框也均可采用这四种方法调出。

Part（元件属性）对话框中常用选项的含义如下：

【Attributes】选项卡，如图 1.47(a)所示。

Lib Ref：元件名称。

Footprint：元件的封装形式。

Designator：元件标号。

Part Type：元件标注或类别。

Part：元件的单元号。

Selection：选中元件。

Hidden Pin：显示引脚号。

Hidden Fields：显示标注选项区内容，每个元件有 16 个标注，可输入有关元件的任何信息，如果标注中没有输入信息，则显示"＊"。

Field Name：显示标注的名称，标注区名称为 Part Field 1～Part Field 16。

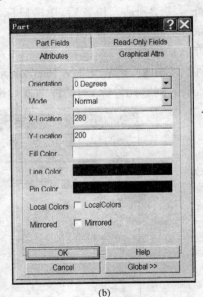

图 1.47　Part 元件属性

【Graphical Attrs】选项卡，如图 1.47(b)所示。

Orientation：设置元件的摆放方向，有 0 Degrees、90 Degrees、180 Degrees、270 Degrees 四个方向。

Mode：设置元件的图形显示模式。

X-Location、Y-Location：设置元件的位置。

Fill Color：设置方块图式元件的填充颜色，默认设置为黄色。

Line Color：设置方块图式元件的边框颜色。

Pin Color：设置元件引脚颜色，默认设置为黑色。

Local Color：使用 Fill Color、Line Color、Pin Color 选项区所设置的颜色。

Mirrored：元件左右翻转。

（2）导线

• 绘制

第一种方法：

①单击 Wiring Tools 工具栏中的 图标，光标变成十字形。

②单击鼠标左键确定导线的起点。

③在导线的终点处单击鼠标左键确定。

④单击鼠标右键，完成一段导线的绘制，如图 1.48 所示。

⑤此时仍为绘制状态，可将光标移到新导线的起点，单击鼠标左键，按前面的步骤绘制另一条导线，最后点击鼠标右键两次退出绘制状态。

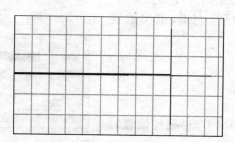

图 1.48 绘制一段导线

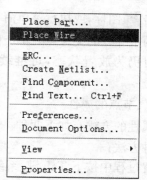

图 1.49 右键菜单|Place Wire

第二种方法：

执行菜单命令 Place|Wire，以后步骤同上。

第三种方法：

在图纸空白处单击右键，在弹出的菜单中选择 Place Wire，如图 1.49 所示，光标处于画线状态，以后步骤同上。

绘制折线时，在导线拐弯处单击鼠标左键确定拐点其后继续绘制，如图 1.50 所示。

注意：导线与导线之间、导线与元件引脚之间不要重叠；绘制线状态时，按下 Shift＋空格键可自动转换导线的拐弯样式。

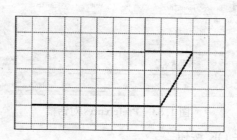

图 1.50 绘制折线

图 1.51 Wire 属性对话框

• 属性设置

打开属性的方法有如下两种：

第一种方法:当系统处于画导线状态时按下 Tab 键,系统弹出 Wire(导线)属性对话框,如图 1.51 所示。

第二种方法:双击已经画好的导线,弹出 Wire(导线)属性对话框。

【Wire(导线)】属性设置对话框中各项含义:

Wire:设置导线宽度。单击列表框右边的下拉箭头,出现导线宽度列表,共有四种导线宽度:Smallest、Small、Medium、Large。

Color:设置导线颜色。单击颜色框可设置导线的颜色。

Selection:选中导线。

(3) 电气节点

电气节点表示两条导线相交时的状况。在电路原理图中两条相交的导线,如果有节点,则认为两条导线在电气上相连接;若没有节点,则认为在电气上不相连。

- 电气节点的放置

①单击  图标,或执行菜单命令 Place|Junction。

②在两条导线的交叉点处单击鼠标左键,则放置好一个节点。

③此时仍为放置状态,可继续放置。单击鼠标右键,退出放置状态。

- 电气节点的属性

打开属性的方法有如下两种:

第一种方法:

在放置过程中按下 Tab 键,系统弹出 Junction(节点)属性设置对话框,如图 1.52 所示。

图 1.52　Junction(节点)属性设置对话框

第二种方法:

双击已放置好的电路节点,弹出 Junction(节点)属性设置对话框。

【Junction(节点)】属性设置对话框中各项含义:

X-Location、Y-Location:设置节点位置。

Size:设置节点大小。共有 4 种选择。

Color:设置节点颜色。

Selection:选中节点。

Locked:锁定节点。若不选择此属性,当导线的交叉不存在时,该处原有的节点自动删除;如果选择此属性,当导线的交叉不存在时,节点继续存在。

- 电气节点自动放置的设定

①执行菜单命令 Tools|Preferences,系统弹出 Preferences 对话框,如图 1.53 所示。

②选择 Schematic 选项卡。

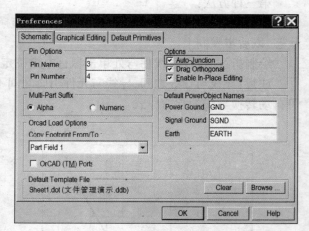

图 1.53　Preferences 对话框

③在 Options 区域中选中 Auto-Junction,单击 OK 按钮。

选中此项后,在画导线时,系统将在"T"连接处自动产生节点;如果没有选择此项,系统不会在"T"连接处自动产生节点。

（4）电源/接地

• 放置电源/接地符号

第一种方法：

①单击 Wiring Tools 工具栏中的 ⬛ 图标。

②此时光标变成十字形，电源/接地符号处于浮动状态，与光标一起移动。

③可按空格键旋转，按 X 键水平翻转，按 Y 键垂直翻转。

④单击鼠标左键放置电源（接地）符号。

⑤此时系统仍为放置状态，可继续放置；也可单击鼠标右键退出放置状态。

第二种方法：

单击 Power Objects 工具栏中的电源符号，以后操作同上。

第三种方法：

执行菜单命令 Place|Power Port，以后操作同上。

• 修改电源/接地符号

如果电源/接地符号不符合要求，可双击电源符号，在弹出的 Power Port 属性设置对话框中进行修改，如图 1.54 所示。修改完毕，单击 OK 按钮。

图 1.54 Power Port 属性设置对话框

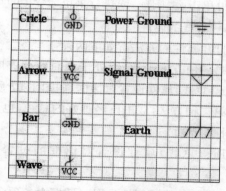

图 1.55 电源符号类型及显示

【Power Port】属性设置对话框中的内容说明如下：

Net：电源的网络标号，图 1.54 中用 GND 表示接地。如果是电源可输入 V_{CC} 等名称。

Style：电源符号的显示类型，如图 1.55 所示。

X-Location、Y-Location：电源符号的位置。

Orientation：电源符号的放置方向。有 0 Degrees、90 Degrees、180 Degrees、270 Degrees 四个方向。

Color：电源符号的显示颜色。

Selection：选中电源符号。

（5）总线/总线分支/网络标号

总线、总线分支、网络标号这三种电气对象相互配合，一般常用于数字电路中，如图 1.56 所示。

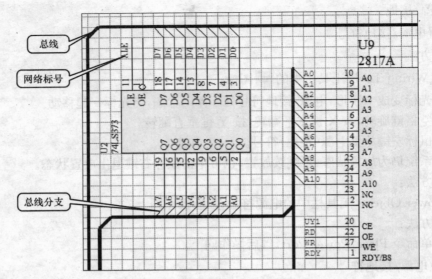

图 1.56　总线/总线分支/网络标号

- 总线

➤ 总线的绘制

可单击 图标,或执行菜单命令 Place|Bus,其后步骤同导线的绘制。

➤ 总线的属性

打开属性的方法有如下两种:

第一种方法:当系统处于画总线状态时,按下 Tab 键则弹出 Bus(总线)属性设置对话框,如图 1.57 所示。

第二种方法:双击已经画好的总线,也可弹出 Bus(总线)设置属性对话框。

Bus(总线)属性设置对话框的设置与导线的设置基本相同。

【Bus(总线)】属性设置对话框中各项含义如下:

图 1.57　总线属性设置窗口

Bus Width:设置总线宽度,单击列表框右边的下拉箭头,出现总线宽度列表。共有四种导线宽度:Smallest、Small、Medium、Large。

Color:设置总线颜色。单击颜色框可设置总线的颜色。

Selection:选中总线。

- 总线分支

➤ 总线分支的放置

第一种方法:

单击 图标,光标变成十字形,此时可按空格键、X 键、Y 键改变方向。在适当位置单击鼠标左键,即可放置一个总线分支。此后可继续放置,或单击鼠标右键退出放置状态。

第二种方法:

执行菜单命令 Place|Bus Entry,以后操作同上。

➤ 总线分支的属性

打开总线分支属性的方法有如下两种：

第一种方法：当系统处于画总线分支状态时按下 Tab 键，系统弹出 Bus Entry（总线分支）属性设置对话框，如图 1.58 所示。

第二种方法：双击已经画好的总线分支，也可弹出 Bus Entry（总线分支）属性对话框。

【Bus Entry（总线分支）】属性设置对话框的设置与导线的设置基本相同：

X1-Location、Y1-Location：总线分支的起点位置。

X2-Location、Y2-Location：总线分支的终点位置。

Line Width：总线分支的显示宽度。与导线宽度相同，也有 4 种。

Selection：选中总线分支。

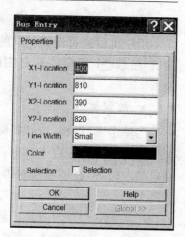

图 1.58　总线分支属性设置窗口

（6）网络标号

网络标号的物理意义是电气连接点。在电路图上具有相同网络标号的电气线路是连在一起的，即在两个以上没有相互连接的网络中，把应该连接在一起的电气连接点定义有相同的网络标号，使它们在电气含义上属于真正的同一网络。网络标号多用于层次式电路、多重式电路各模块电路之间的连接和具有总线结构的电路图中。网络标号的作用范围可以是一张电路图，也可以是一个项目中的所有电路图。

• 网络标号的放置

放置步骤：

①单击 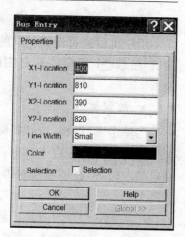 或执行菜单命令 Place|Net Label，光标变成十字形且网络标号为一虚线框随光标浮动。

②Tab 键系统弹出 Net Label（网络标号）属性设置对话框，如图 1.59 所示。

③设置完毕，单击 OK 按钮。

④网络标号仍为浮动状态，此时按空格键可改变其方向。

⑤在适当位置单击鼠标左键，放置好网络标号。

⑥单击鼠标左键继续放置，或单击鼠标右键退出放置状态。

• 网络标号属性编辑

打开属性设置对话框的方法有两种：在放置过程中单击"Tab"键；双击已放置好的网络标号。

【Net Label（网络标号）】属性设置对话框中各项含义：

Net：网络标号名称。

X-Location、Y-Location：网络标号的位置。

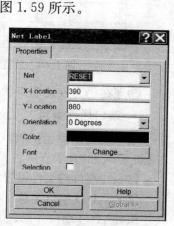

图 1.59　Net Label 属性
设置对话框

Orientation：设置网络标号的方向。共有 4 种方向：0 Degrees（0 度）、90 Degrees（90 度）、180 Degrees（180 度）、270 Degrees（270 度）。

Color：设置网络标号的颜色。

Font：设置网络标号的字体、字号。

注意：网络标号不能直接放在元件的引脚上，一定要放在引脚的延长线上；网络标号是有电气意义的，不能用任何字符串代替。

(7) I/O 端口

用户可以通过设置相同的网络标号,使两个电路具有电气连接关系;也可以通过制作 I/O 端口,使某些I/O端口具有相同的名称,从而使它们被视为同一网络,而在电气上具有连接关系。

● 放置端口

①单击 图标,或执行菜单命令 Place|Port。

②此时光标变成十字形,且一个浮动的端口粘在光标上随光标移动。单击鼠标左键,确定端口的左边界,在适当位置再次单击鼠标左键,确定端口右边界,如图 1.60 所示。

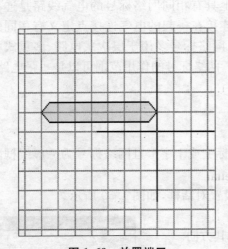

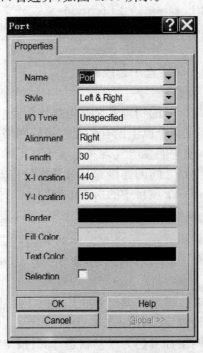

图 1.60　放置端口　　　　　　　　　　　图 1.61　Port(端口)属性设置对话框

③现在仍为放置端口状态,可单击鼠标左键继续放置,或单击鼠标右键退出放置状态。

● 端口属性编辑

端口属性编辑包括端口名、端口形状、端口电气特性等内容的编辑。打开属性设置对话框(见图 1.61)的方法有两种。在放置过程中按下 Tab 键;双击已放置好的端口。

【Port(端口)】属性设置对话框中各项含义:

Name:I/O 端口名称。

Style:I/O 端口外形,如图 1.62 所示。

I/O Type:I/O 端口的电气特性。共设置了 4 种,为 Unspecified 无端口、Output 输出端口、Input 输入端口、Bidirectional 双向端口。

Alignment:端口名在端口框中的显示位置。Center 中心对齐、Left 左对齐、Right 右对齐。

Length:端口长度。

X-Location、Y-Location:端口位置。

Border:端口边界颜色。

Fill Color：端口内的填充颜色。

Text Color：端口名的显示颜色。

Selection：选中端口。

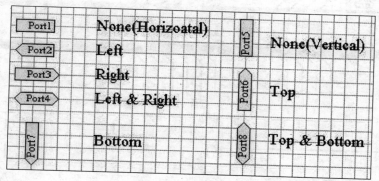

图 1.62　Port（端口）外形

- 改变已放置好的端口的大小

对于已经放置好的端口，可以不通过属性设置对话框直接改变其大小。

①单击已放置好的端口，端口周围出现虚线框。

②拖动虚线框上的控制点，即可改变其大小，如图 1.63 所示。

图 1.63　改变端口大小的操作

1.2.3　实践训练

1）训练任务

（1）加载 Protel DOS Schematic Libraries、Miscellaneous Devices 和 Intel Databooks 元件库。

（2）浏览 Miscellaneous Devices 元件库并找出表 1.4 中的元件，完成图 1.64 中元件的放置。

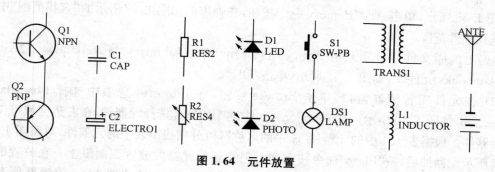

图 1.64　元件放置

（3）按照标注完成图 1.65。

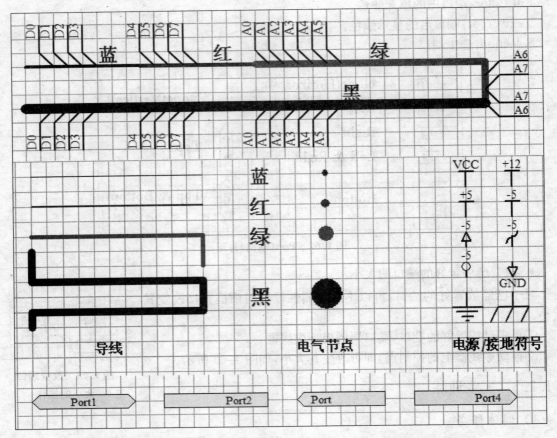

图 1.65　总线/总线分支/网络标号、导线、电气节点、电源/接地和端口

2）步骤指导

（1）启动 Protel 99 SE 软件，打开原理图编辑器，把浏览器管理窗口切切换到元件库管理窗口，如图 1.38 所示，单击 Add/Remove 命令按钮，在弹出的如图 1.39 所示的"查找范围"中按图 1.66 选择文件范围。

在列出的库文件中分别双击 Protel DOS Schematic Libraries、Miscellaneous Devices 和 Intel Databooks 元件库，如图 1.67 所示，单击"OK"。

（2）在元件库管理器窗口，单击 Browse 按钮，在 Libraries 选项中选择 Miscellaneous Devices. lib，如图 1.46 所示。在 Components 中逐个用鼠标选择元器件，在右边区域可浏览选中的元器件。根据表 1.4 中的元器件"库中的名称"，可分别找出表中的元器件；对照图 1.64 分别找到所示元器件后，按"Place"命令按钮即可把找到的元器件放置到图纸上。在放置的过程中可移动鼠标改变放置的位置，按空格键改变元器件的方向，按照图 1.64 放置好所有的元器件。

（3）①总线/总线分支/网络标号

总线：执行 Place|Bus 菜单命令，进入画总线的状态。移动鼠标找到起点位置单击鼠标的左键，移动鼠标找到第二点单击鼠标左键，直到终点；单击鼠标的右键完成该段总线的绘制。接着同样绘制其他的总线，最后单击右键退出绘制总线状态。在绘制总线过程中，按"Tab"键打开总线的属性设置对话框，修改 Bus Width 和 Color 项。分别把第一段总线的 Bus Width 和

图 1.66　文件范围选择窗口

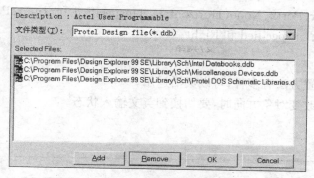

图 1.67　加载元件库

Color 设置为 Smallest 和蓝色,第二段为 Small 和红色,第三段为 Medium 和绿色,第四段为 Large 和黑色,完成如图 1.65 所示的总线的绘制。

　　总线分支:执行 Place|Bus Entry 菜单命令,进入放置总线分支的状态,移动鼠标到合适的位置,按空格键改变方向。单击左键完成一个总线分支的放置,接着同样放置其他的总线分支。

　　网络标号:放置网络标号之前,在总线分支放置一段适当的导线,确保网路标号放在与总线分支连接的导线上。执行 Place|Net label 菜单命令,进入放置网络标号的状态;按"Tab"键,打开网络标号的属性设置对话框;在 Net 项内填上适当的网络标号的名称,单击"OK"按钮,移动鼠标到图1.64中适当的位置;单击鼠标的左键放置一个网络标号,接着同样放置其他的网络标号。

　　②导线

　　执行 Place|wire 菜单命令,进入绘制导线的状态,按总线的绘制方法绘制导线。按"Tab"键打开导线的属性设置对话框,第一段的 Wire Width 和 Color 分别为 Smallest 和蓝色,第二段

为 Small 和红色,第三段为 Medium 和绿色,第四段为 Large 和黑色,完成如图 1.65 导线的绘制。

③电气节点

执行 Place|Juction 菜单命令,进入放置电气节点的状态,移动鼠标到合适的位置,单击左键完成一个电气节点的放置。按"Tab"键打开电气节点的属性设置对话框,设置 Size 和 Color 项,四个电气节点的 Size 和 Color 项分别设置为:Smallest 和蓝色、Small 和红色、Medium 和绿色和 Large 和黑色。

④电源/接地

执行 Place|Power Port 菜单命令,进入放置电源/接地的状态,移动鼠标到合适的位置,按空格键改变方向,单击左键完成一个电源/接地的放置。按"Tab"键打开电源/接地的属性设置对话框,设置 Net、Style 和 Color 项,十个电源/接地的 Net、Style 和 Color 项分别设置为:Vcc、Bar 和蓝色;+12、Bar 和蓝色;+5、Bar 和蓝色;-5、Bar 和蓝色;-5、Arrow 和蓝色;-5、Wave 和蓝色;-5、Circle 和蓝色;GND、Arrow 和红色;GND、Power Ground 和红色;Earth、Earth 和红色。

⑤I/O 端口

执行 Place| Port 菜单命令,进入放置 I/O 端口的状态,移动鼠标到合适的位置,按空格键改变方向,单击鼠标左键确定起点,移动鼠标改变长度,再次单击左键完成一个 I/O 端口的放置。按"Tab"键打开 I/O 端口的属性设置对话框,设置 Name、Style、I/O Type 和 Alignment 项,四个 I/O 端口的 Name、Style、I/O Type 和 Alignment 项分别设置为:Port1、Left&Right、Unspecified 和 Center;Port2、None(Horizontal)、Unspecified 和 Right;Port、Left、Unspecified 和 Left;Port4、Right、Unspecified 和 Right。

3) 重点提示

(1) 元器件的放置方法有多种,可以灵活运用。

(2) 在按空格键改变对象方向时,要切换到英文输入状态。

4) 训练体会

_____

_____

_____

_____

_____

_____。

5) 结果考核

_____。

6) 思考练习

(1) 将基本元件库 Miscellaneous Devices. ddb、德克萨斯仪器公司元件库 TI Databook 增加到元件库管理器中。

(2) 怎么样将查找到的元件所在的元件库添加到元件库管理器中?

(3) 向原理图中放置阻值为 3.2 kΩ 的电阻、容量为 1 μF 的无极性电容、型号为 1N4007 的二极管、型号为 2N2222 三极管、单刀单掷开关和 4 脚连接器。注意修改属性。

（4）从 TI Databook＼TI TTL Logic 1988（Commercial. lib）元件库中取出 74LS273 和 74LS373，按照如图 1.68 所示的电路，练习放置总线接口、总线和网络标记。

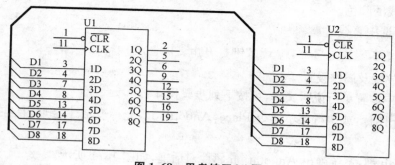

图 1.68　思考练习（4）图

1.3　电路原理图的非电气对象及属性

1.3.1　知识点

原理图中的非电气对象及对象属性。

1.3.2　知识点分析

在原理图的编辑过程中，除了要使用元器件、导线、总线、总线分支、网络标号和 I/O 端口等描述元器件之间的电气连接关系外，还经常放一些不具备电气连接特性的文字、图形、图片等来说明原理图的功能和作用，提高原理图的可读性。Protel 99 SE 中放置这些对象的功能，都可以由 Drawing Tools 工具栏中的工具来完成，如图1.69所示。

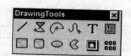

图 1.69　**Drawing Tools** 工具栏

1）直线

直线（Line）完全不同于 Wiring Tools 工具栏中的导线（Wire），因此在元器件之间一定不能用直线进行连接。

（1）绘制

①单击 ![icon] 图标，或执行菜单命令 Place|Drawing Tools|Line，光标变成十字形。

②单击鼠标左键确定直线的起点。

③在画直线的过程中，可以按 Shift＋空格键改变拐弯样式。

④在适当位置单击鼠标左键确定直线的终点。

⑤单击鼠标右键就完成一段直线的绘制。

⑥绘制完毕，单击鼠标右键两下，退出画线状态。

（2）属性编辑

打开属性设置对话框的方法有：在画直线的过程中按下 Tab 键；双击已画好的直线则系统弹出 PolyLine 属性设置对话框，如图 1.70 所示。

【PolyLine】属性设置对话框中各选项的含义：

图 1.70　**PolyLine** 属性设置对话框

Line Width:线宽,共有 4 种线宽:Smallest、Small、Medium、Large。

Line Style:线型,共有 3 种线型:Solid 实线、Dashed 虚线、Dotted 点线。

Color:直线的颜色。

Selection:选中直线。

2)单行文本

(1)文本放置及属性设置

在原理图中放置单行说明文本,可按下列步骤操作:

①单击 T 图标,或执行菜单命令 Place|Annotation,光标变成十字形,且在光标上有一虚线框。

②按下 Tab 键,系统弹出 Annotation 属性对话框,如图 1.71 所示。

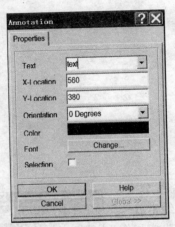

图 1.71　Annotation 属性设置对话框

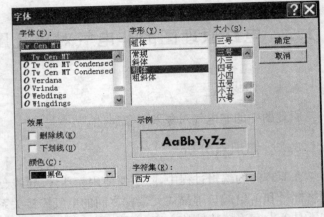

图 1.72　字体设置对话框

【Annotation】属性设置对话框中各项含义:

Text:说明文字的内容。

X-Location、Y-Location:说明文字的位置。

Orientation:说明文字的方向,共有 4 种方向:0 Degrees(0°);90 Degrees(90°);180 Degrees(180°);270 Degrees(270°)。

Color:说明文字的颜色。

Font:设置说明文字的字体和字号。单击 Font 按钮,系统弹出字体设置对话框如图 1.72 所示,设置后单击确定按钮。

Selection:选中说明文字。

③设置完毕单击 OK 按钮。

④此时说明文字仍处于浮动状态,在适当位置单击鼠标左键即放置好。可单击鼠标左键继续放置新的一段说明文字。如果说明文字的最后一位是数字,继续放置时数字会自动加 1。单击鼠标右键退出放置状态。

双击已放置好的说明文字,也可弹出如图 1.71 所示的 Annotation 属性设置对话框进行编辑。

(2)特殊文本放置

Protel 99 SE 原理图中除了可以直接放置字符串和文字等一般文本外,还可以引用一些特殊文本。

操作方法:在图 1.71 的 Annotation 属性设置对话框中单击 Text 下拉列表框,出现如图1.73所示的候选项。其中:

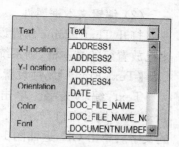

图 1.73　特殊文本

. ADDRESS1:地址 1

. ADDRESS2:地址 2

. ADDRESS3:地址 3

. ADDRESS4:地址 4

. DATE:日期

. DOC_FILE_NAME:文件名

. DOC_FILE_NAME_NO_PATH:文件名(不带路径)

. DOCUMENTNUMBER:文件号

. ORGANIZATION:公司组织

. REVISION:版本号

. SHEETNUMBER:图纸号

. SHEETTOTAL:图纸总数

. TIME:时间

. TITLE:标题

选中列表中的项目,单击"OK",就可以把选中的特殊文本放置到原理图中。再执行 Tools |Preferences 命令后,选中 Graphical Editing 项中的 ☑ Convert Special Strings ,放置的文本才能正常显示,注意地址、文件号、公司组织、版本号、图纸号、图纸总数和标题项需要在执行 Design | Options命令后,在 Documents option 中填写。

3) 文本框

文本框可以放置多行文本。

(1) 放置步骤

①单击 ▦ 图标,或执行菜单命令 Place|Text Frame,光标变成十字形,且在光标上有一虚线框。

②单击鼠标左键确定文本框的左下角。

③移动鼠标可以看到屏幕上出现一个虚线预拉框,在该预拉框的对角位置单击鼠标左键,就放置了一个文本框,并自动进入下一个放置过程。放置好的文本框如图 1.74 所示。

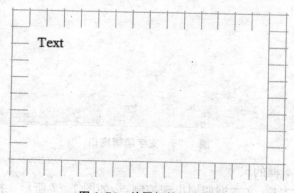

图 1.74　放置好的文本框

④单击鼠标右键结束放置状态。

（2）编辑文本框属性

打开 Text Frame 属性设置对话框的方法有两种：在放置文本框的过程中按下 Tab 键；双击已放置好的文本框，则系统弹出 Text Frame 属性对话框，如图 1.75 所示。

【Text Frame】属性设置对话框中各选项含义：

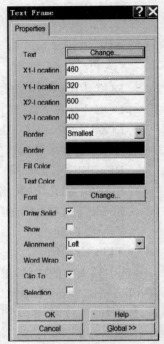

Text：编辑文字。单击 Change 按钮，出现 Edit TextFrame Text 文字编辑窗口，如图 1.76 所示。在文字编辑窗口输入要显示的文字后单击 OK，返回图 1.75。

X1-Location、Y1-Location：文本框左下角位置。

X2-Location、Y2-Location：文本框右上角位置。

Border Width：边框宽度。

Border Color：边框颜色。

Fill Color：填充颜色。

Text Color：文本颜色。

Font：文本字体。单击 Change 按钮，出现字体窗口，如图 1.72 所示。

Draw Solid：填充 Fill Color 选项中设置的颜色。

Show：显示边框线。

Alignment：文字的对齐方式，有 3 种对齐方式：Center、Left、Right。

Word Wran：文本超出边框时自动换行。

Clip To：文字超出边框是否显示。

图 1.75　Text Frame
属性设置对话框

Selection：选中文本框。

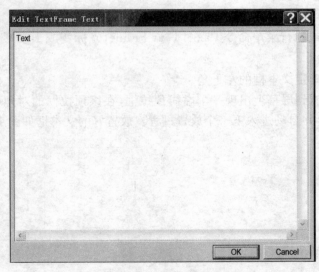

图 1.76　文字编辑窗口

（3）改变已放置文本框的尺寸

单击已放置好的文本框，文本框四周出现控制点，如图 1.77 所示。拖动任意一个控制点即可改变文本框的尺寸。

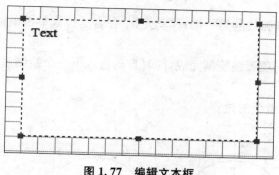

图 1.77　编辑文本框

4）曲线

（1）绘制步骤

①单击 图标，或执行菜单命令 Place|Drawing Tools|Beziers，光标变成十字形。

②单击鼠标左键确定曲线起始点，如图1.78所示的 A 点。

③移动光标到 B 点处单击左键，确定与曲线相切的两条切线的交点。

④移动光标，屏幕出现一个弧线，在合适位置如 C 点单击两次鼠标左键，将弧线固定。

⑤此时可继续绘制曲线的另外部分，也可单击鼠标右键，完成一个绘制过程，并自动进入下一个绘制过程。

⑥再次单击鼠标右键退出绘制状态。

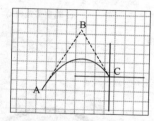

图 1.78　绘制曲线的过程

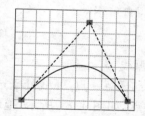

图 1.79　编辑曲线

（2）编辑曲线

单击曲线的任一端点，曲线周围出现控制点，如图 1.79 所示，拖动控制点可改变曲线的形状。

5）椭圆弧线

绘制椭圆弧线需要确定椭圆的圆心、横向半径、纵向半径、弧线的起点和终点位置。

（1）绘制

①单击 图标或执行菜单命令 Place|Drawing Tools|Elliptical Arcs，光标变成十字形，且有一个与前次绘制相同的浮动椭圆弧线形状。

②在合适位置单击鼠标左键，确定椭圆圆心。

③光标自动跳到椭圆横向圆周顶点；移动光标，在合适位置单击鼠标左键，确定横向半径长度。

④光标自动跳到椭圆纵向的圆周顶点；移动光标，在合适位置单击鼠标左键，确定纵向半径长度。

⑤光标自动跳到椭圆弧线的一端；移动光标，在合适位置单击鼠标左键，确定椭圆弧线的

起点。

⑥光标自动跳到椭圆弧线的另一端；移动光标，在合适位置单击鼠标左键，确定椭圆弧线的终点。

⑦至此一个完整的椭圆弧线绘制完成，同时自动进入下一个绘制过程。单击鼠标右键退出绘制状态。

图 1.80 为绘制椭圆弧线的过程。

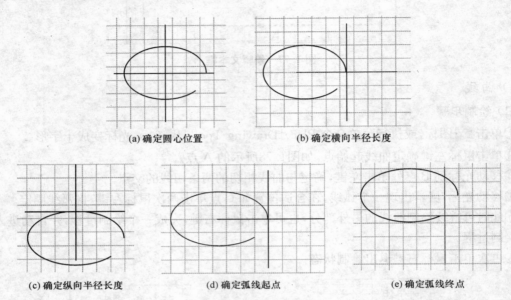

(a) 确定圆心位置　　　　　　　　(b) 确定横向半径长度

(c) 确定纵向半径长度　　　(d) 确定弧线起点　　　(e) 确定弧线终点

图 1.80　绘制椭圆弧线

(2) 编辑弧线

单击弧线的任意一点，弧线处于选中状态，周围出现控制点，如图 1.81 所示，拖动控制点可改变弧线的形状。

6) 矩形（直角、圆角）

(1) 绘制

①单击 ▣ 图标或执行菜单命令 Place | Drawing Tools | Rectangle（绘制圆角矩形是单击 ▣ 图标或执行菜单命令 Place | Drawing Tools | Round Rectangle），光标变成十字形，且有一个与前次绘制相同的浮动矩形。

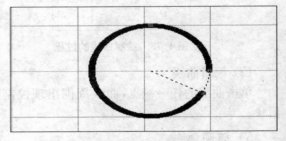

图 1.81　编辑弧线

②移动光标到合适位置，单击鼠标左键，确定矩形的左上角。

③拖动光标到合适的大小，再次单击鼠标左键，则放置好一个矩形。

④此时仍为放置状态，可继续放置下一个，也可单击鼠标右键退出放置状态。

(2) 编辑属性设置对话框

第一种方法：

在放置矩形的过程中按下 Tab 键，系统弹出 Rectangle 属性设置对话框。

第二种方法：

双击已放置好的矩形，也可弹出 Rectangle 属性设置对话框。

【Rectangle】属性对话框中主要选项的含义：

Border Width：矩形边框的线宽。

Border Color：矩形边框的颜色。

Fill Color：矩形的填充颜色。

Draw Solid：显示 Fill Color 中选择的填充颜色。

（3）编辑矩形

单击已放置好的矩形，矩形四周出现控制点，如图 1.82 所示。拖动任一控制点即可改变矩形的大小。

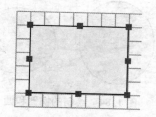

图 1.82　矩形四周出现控制点

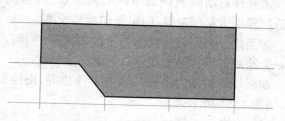

图 1.83　绘制好的多边形

7）多边形

（1）绘制

操作方法（以图 1.83 为例）：

①单击 ⊠ 图标或执行菜单命令 Place|Drawing Tools|Polygons，光标变成十字形。

②在多边形的每一个顶点处单击鼠标左键，即可绘制出所需的多边形。

③绘制完毕，单击鼠标右键，自动进入下一个绘制状态。

④此时可继续绘制其他多边形，或单击鼠标右键两次退出绘制状态。

（2）属性设置与编辑

与矩形相同。

8）扇形

（1）绘制

操作步骤：

①单击 ◖ 图标或执行菜单命令 Place|Drawing Tools|Pie charts，光标变成十字形，且有一个与前次绘制相同的扇形形状。

②在合适位置单击鼠标左键，确定扇形圆心。

③在合适位置单击鼠标左键，确定扇形半径。

④移动光标，在合适位置单击鼠标左键，确定扇形的起点。

⑤移动光标，在合适位置单击鼠标左键，确定扇形的终点。

⑥至此一个完整的扇形绘制完毕，同时自动进入下一个绘制过程。单击鼠标右键退出绘制状态。

（2）属性设置

参见矩形。

9）椭圆图形

（1）绘制

①单击 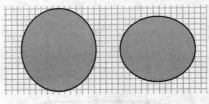 图标或执行菜单命令 Place｜Drawing Tools｜Ellipses，光标变成十字形，且有一个与前次绘制相同的椭圆图形形状。

②在合适位置单击鼠标左键，确定椭圆圆心。

③此时光标自动跳到椭圆横向的圆周顶点，移动光标，在合适位置单击鼠标左键，确定横向半径长度。

④光标自动跳到椭圆纵向的圆周顶点，移动光标，在合适位置单击鼠标左键，确定纵向半径长度。

⑤至此一个完整的椭圆图形绘制完毕，同时自动进入下一个绘制过程。单击鼠标右键退出绘制状态。

如果设置的横向半径与纵向半径相等，则绘制的是圆形，如图 1.84 所示。

图 1.84　绘制的椭圆和圆

（2）编辑

椭圆和圆的编辑方法可参见矩形。

10）图片

在原理图中可以插入图片。图形文件类型有：位图文件（扩展名为 BMP、DIB、RLE）、JPEG 文件（扩展名为 JPG）、图元文件（扩展名为 WMP）。

（1）放置

①单击  图标或执行菜单命令 Place｜Drawing Tools｜Graphic。

②系统弹出文件选择对话框，选择文件后单击"打开"按钮。

③此时光标变成十字形，并有一矩形框随光标移动。单击鼠标左键确定图片的左上角。

图 1.85　放置好的图片

④在右下角单击鼠标左键，就放置好一张图片，如图 1.85 所示，并自动进入下一放置过程。

⑤单击鼠标右键退出放置状态。

（2）属性设置

双击放置好的图片，系统弹出 Graphic 属性设置对话框，如图 1.86 所示。

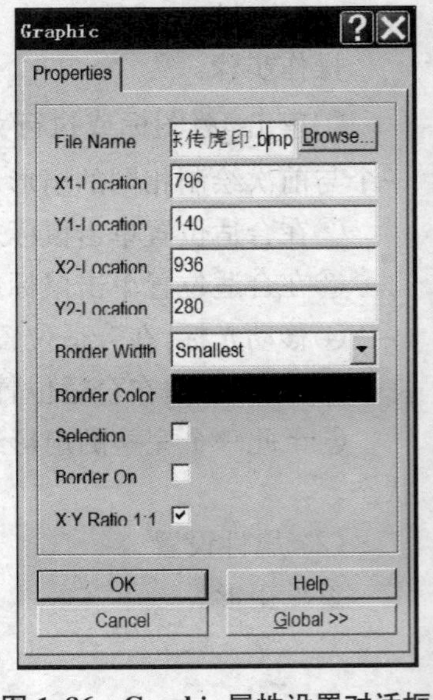

【Graphic】属性对话框中各选项含义：

File Name：插入的图形文件名。

Browse：重新选择图形文件。

X1-Location、Y1-Location、X2-Location、Y2-Location：图片两个对角顶点位置。改变其数值，可改变图片大小。

Border Width：图片边框线宽度。

Border Color：图片边框线颜色。

Selection：选中图片。

Border On：显示图片边框。

X：Y Ratio：保持图片 X 方向与 Y 方向原有的比例关系。

图 1.86　Graphic 属性设置对话框

1.3.3 实践训练

1)训练任务

(1)绘制图 1.87 波形。

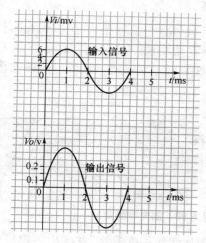

图 1.87 波形图

(2)绘制图 1.88 中的图形,栅格为 10 mil。

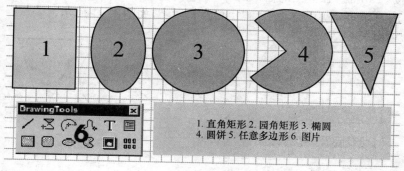

图 1.88 图形

(3)制作如图 1.89 所示标题栏,其中"单位名称"、"考生信息"、"图名"、"文件名"、"第 幅"、"总共 幅"、"当前时间"、"当前日期"为直接放置一般文本,其他文本通过放置特殊文本

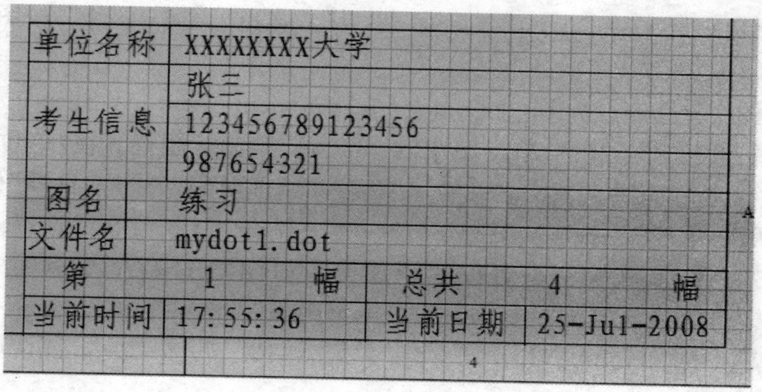

单位名称	XXXXXXXX大学			
考生信息	张三			
	123456789123456			
	987654321			
图名	练习			
文件名	mydot1.dot			
第	1	幅	总共	4	幅
当前时间	17:55:36		当前日期	25-Jul-2008

图 1.89 标题栏

实现,并在 Documents Options 内适当填写适当内容,栅格大小为 10 mil。

2) 步骤指导

(1) 打开原理图,单击主工具栏中的 ▦ 工具,打开绘图工具栏,如图 1.68 所示。单击图中的 ╱ 工具,绘制输入信号的坐标轴和刻度。单击 **T** 放置文本;单击 � 绘制波形图。用同样的方法绘制输出波形。

(2) 在 Documents Options|Sheet Options 设置栅格大小为 10 mil,打开绘图工具栏,如图 1.69 所示。单击 ▢ 按图 1.88 大小绘制直角矩形;单击 ▣ 按图 1.88 大小绘制园角矩形;单击 ⬯ 按图 1.88 大小绘制椭圆;单击 ◁ 按图 1.88 大小绘制圆饼;单击 ⬠ 按图 1.88 大小绘制任意多边形,结果如图 1.90 所示。

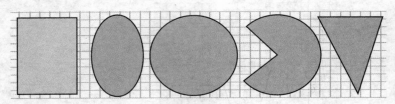

图 1.90　图形绘制结果

截取图 1.69 工具栏保存为.bmp 图片文件。单击 ▣ ,在弹出的窗口中选择截图文件,放置图片。

单击 **T** ,按"Tab"键,在弹出的窗口的 Text 项内输入"1",并按图 1.87 更改字体;放置"1"到图示位置。用同样的方法放置"2"、"3"、"4"、"5"、"6",如图 1.91 所示。

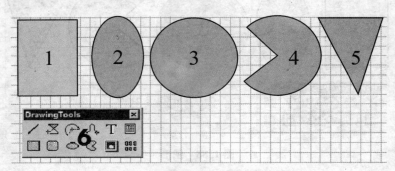

图 1.91　放置图片和文本后的结果

单击 ▣ ,按"Tab"键,在弹出的窗口中单击 Change. ,在弹出的文本输入窗口中输入文本"1. 直角矩形　2. 园角矩形　3. 椭圆　4. 圆饼　5. 任意多边形　6. 图片",按图 1.63 修改字体和文本框的大小并放置。

(3) 把原理图文件名修改为 Mydot1.do。在 Documents Options|Sheet Options 设置栅格大小为 10 mil。打开绘图工具栏,单击图中的 ╱ 工具,绘制标题栏。在"单位名称"、"考生信息"、"图名"、"文件名"、"第　　幅"、"总共　　幅"、"当前时间"、"当前日期"位置放置一般文本;在"XXXXXXX 大学"、"张三"、"12345678…"、"987654321"、"1"、"练习"、"4"、Mydot1. dot"、"17:55:36"、"25-Jul-2008"位置放置特殊文本". ORGANIZATION"、". ADDRESS1"、". ADDRESS2"、". ADDRESS3"、". SHEETNUMBER"、". TITLE"、". SHEETTOTAL"、". DOC_FILE_NAME_NO_PATH"、". TIME"、". DATE"。设置 Documents Options|Organization 如图 1.92 所示。

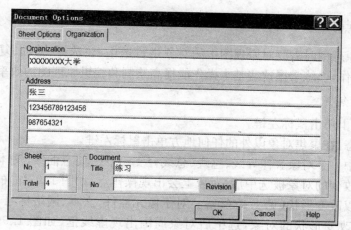

图 1.92   设置 Documents Options | Organization

执行 Tools | Preferences 命令后，选中 Graphical Editing 项中的 ☑ Convert Special Strings 。

3）重点提示

（1）直线（Line）与导线（Wire）放置的线虽然相似，但有本质区别，前者没有电气连接属性而后者有。

（2）注释文本（Annotition）与网络标号（Net label）放置的文本虽然相似，但有本质区别，前者没有电气属性而后者有。

4）训练体会

_____

_____

_____

_____

_____ 。

5）结果考核

_____ 。

6）思考练习

（1）如何调整已经绘制好的曲线？

（2）用 **T** 和 ▦ 放置文本有何不同？如何修改文本的字体？

（3）如何用 ◎ 绘制出填充的圆？

（4）一般文本和特殊文本的修改有何差别？

1.4   电路原理图中对象的基本操作

1.4.1   知识点

对象的选中；块选择、移动、复制、剪切、粘贴、删除、对齐。

1.4.2　知识点分析

在绘制电路原理图时需要对原理图中的对象进行选中、块选择、移动、复制、剪切、粘贴、删除、对齐等基本操作,熟练掌握这些基本操作能提高绘制和编辑原理图的效率。

1) 选中(聚焦)

选中:在对象上单击鼠标左键。

取消选中状态:在聚焦对象以外的任何地方单击鼠标左键。

一次只能选中一个对象。像导线、总线、总线分支、直线、任意曲线、文本框以及各种图形、图片等形状可以改变的对象被选中后,对象上会出现操作点,如图 1.93(a)的导线被选中后,通过这些操作点可以改变形状(见 1.93(b))。对于像元器件、文本、网络标号、电气节点和电源/地线等不能直接改变形状的对象,选中后对象周围出现虚线框,如图 1.94 的电阻和文本被选中。

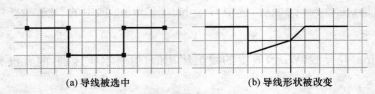

(a)导线被选中　　　　　　　　　(b)导线形状被改变

图 1.93　导线被选中和编辑

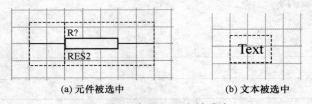

(a)元件被选中　　　　　　　(b)文本被选中

图 1.94　电阻和文本被选中

2) 块选择(块选中)

对象被块选择时周围出现黄线框,如图 1.95 所示。

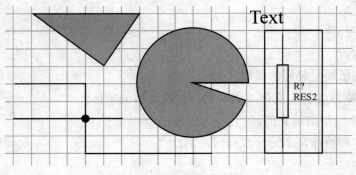

图 1.95　对象的块选择

(1)块选择的操作

第一种方法:

按住鼠标左键并拖动,此时屏幕出现一虚线框,松开鼠标左键后,虚线框内的所有对象全部被块选中。

第二种方法：

①单击主工具栏上的 ▓ 图标，光标变成十字形。

②在适当位置单击鼠标左键，确定虚线框的一个顶点。

③在对角线处单击鼠标左键确定另一顶点，虚线框内的所有对象全部被块选中。

第三种方法：

执行菜单命令 Edit|Selection，在下一级菜单中选择有关命令。

该菜单中各命令解释如下：

Inside Area：块选择区域内的所有对象，操作同第一、二种方法。

Outside Area：块选择区域外的所有对象，操作同第一、二种方法，只是块选择的对象在区域外面。

All：块选择图中的所有对象。

Net：块选择某网络的所有导线。执行命令后，光标变成十字形，在要块选择的网络导线上或网络标号上单击鼠标左键，则该网络的所有导线和网络标号全部被块选中。

Connection：块选择一个物理连接。执行命令后光标变成十字形，在要选择的一段导线上单击鼠标左键，则与该段导线相连的导线均被块选中。

（2）取消块选择

最简单的方法是单击主工具栏上的 ▓ 图标，执行菜单 Edit|Deselection 中的各命令，也可以取消块选中状态。其操作与块选中类似，不再赘述。

3）移动

（1）一般移动

第一种方法：

①执行菜单命令 Edit|Move|Move，光标变成十字形。

②在要移动的对象上单击鼠标左键，则该对象随着光标移动。

③在适当的位置单击鼠标左键，就完成了对象的移动操作。

第二种方法：

①块选中需要移动的对象。

②执行菜单命令 Edit|Move|Move Selection，光标变成十字形。

③在选中的对象上单击鼠标左键，则该对象随着光标移动。

④在适当的位置单击鼠标左键，就完成了对象的移动操作。

第三种方法（只适合元件、图形、直线、导线等）：

①选中需要移动的对象。

②在对象上单击左键，则该对象随着光标移动。

③在适当的位置单击鼠标左键，完成了对象的移动操作。

第四种方法：

在对象上按住鼠标的左键，移动鼠标到适当的位置，放开鼠标左键，就完成了对象的移动操作。

（2）拖拉

一般移动仅仅是改变了对象的位置，对有导线连接的元器件对象，与之相连的导线不会跟着移动；而拖拉操作使与之相连的导线跟着对象延长移动。如图 1.96(a)所示是拖拉前，图 1.96(b)是拖拉后。

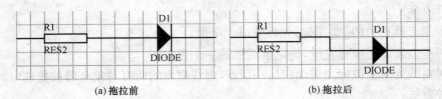

(a) 拖拉前 (b) 拖拉后

图 1.96 拖拉

第一种方法：

①执行菜单命令 Edit|Move|Drag，光标变成十字形。

②在要移动的对象上单击鼠标左键，则该对象随着光标移动。

③在适当的位置单击鼠标左键，就完成了对象的移动操作。

第二种方法：

按住 Ctrl 键，再在对象上按住鼠标的左键，移动鼠标到适当的位置放开鼠标左键，就完成了对象的移动操作。

（3）叠放次序移动

➤ 移到最上层

以图 1.97 为例，将矩形移到最上层。

第一种方法：

①执行菜单命令 Edit|Move|Move To Front，光标变成十字形。

②在矩形图形上单击鼠标左键，矩形变为浮动状态，随光标移动。

③再次单击鼠标左键，矩形图形移到最上层。

④单击鼠标右键退出此状态。

第二种方法：

①执行菜单命令 Edit|Move|Bring To Front，光标变成十字形。

②在矩形图形上单击鼠标左键，矩形图形移到最上层。

③单击鼠标右键退出此状态。

➤ 移到最底层

以图 1.97 为例，将矩形移到最底层。

①执行菜单命令 Edit|Move|Send To Back，光标变成十字形。

②在矩形图形上单击鼠标左键，矩形图形移到最底层。

③单击鼠标右键退出此状态。

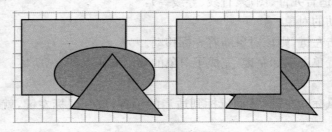

图 1.97 移到最上层

➤ 将一个对象移到另一个对象的上面

如将矩形移到椭圆与三角形之间，如图 1.98 所示。

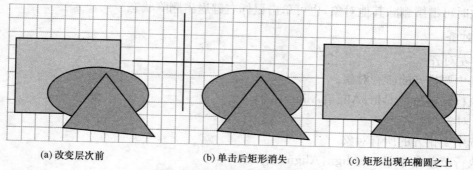

(a) 改变层次前　　　　(b) 单击后矩形消失　　　　(c) 矩形出现在椭圆之上

图 1.98　移到另一个对象的上面

①执行菜单命令 Edit|Move|Bring To Front of,光标变成十字形。

②用鼠标左键单击准备上移的对象如矩形,此时该对象消失。

③在参考对象即椭圆上单击鼠标左键,则消失的对象出现于参考对象的上面。

④单击鼠标右键退出此状态。

4) 复制

①块选中要拷贝的对象。

②执行菜单命令 Edit|Copy,光标变成十字形。

③在选中的对象上单击鼠标左键,确定参考点,在进行粘贴时以参考点为基准。

此时选中的内容复制到剪贴板上。

5) 剪切

①选中要剪切的对象。

②执行菜单命令 Edit|Cut,光标变成十字形。

③在选中的对象上单击鼠标左键,确定参考点。

此时选中的内容被复制到剪贴板上,与拷贝不同的是选中的对象也随之消失。

6) 粘贴

拷贝或剪切的后续操作。

①单击主工具栏上的 ![icon] 图标,或执行菜单命令 Edit|Paste,光标变成十字形,且被粘贴对象处于浮动状态随光标移动。

②在适当位置单击鼠标左键,完成粘贴。

7) 删除

第一种方法:

①选中对象。

②按 Delete 键。

第二种方法:

①块选中对象。

②按 Ctrl+Delete 键,或执行菜单命令 Edit|Clear。

第三种方法:

①执行菜单命令 Edit|Delete,光标变成十字形。

②在要删除的对象上单击鼠标左键,完成删除。

③此时可继续删除其他对象,也可单击鼠标右键退出删除状态。

8) 对齐

(1) 左对齐

①选中要排齐的所有对象。

②执行菜单命令 Edit|Align|Align Left。

(2) 对象右对齐

①选中要排齐的所有对象。

②执行菜单命令 Edit|Align|Align Right。

(3) 对象按水平中心线对齐

①选中要排齐的所有对象。

②执行菜单命令 Edit|Align|Center Horizontal。

(4) 对象水平等间距分布

①选中要排齐的所有对象。

②执行菜单命令 Edit|Align|Distribute Horizontally,则所选对象沿水平方向等间距分布。

(5) 对象顶端对齐

①选中要排齐的所有对象。

②执行菜单命令 Edit|Align|Align Top。

(6) 对象底端对齐

①选中要排齐的所有对象。

②执行菜单命令 Edit|Align|Align Bottom。

(7) 对象按垂直中心线对齐

①选中要排齐的所有对象。

②执行菜单命令 Edit|Align|Center Vertical。

(8) 对象垂直等间距分布

①选中要排齐的所有对象。

②执行菜单命令 Edit|Align|Distribute Vertical,则所选对象沿垂直方向等间距分布。

(9) 同时进行排列和对齐

①选中要排齐的所有对象。

②执行菜单命令 Edit|Align|Align,系统弹出 Align Objects 对话框,如图 1.99 所示。其中:

【Horizontal Alignment】选项区域:设置水平方向的排列与对齐方式。

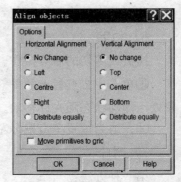

图 1.99　Align Objects 对话框

No Change:不改变位置。

Left:左对齐。

Center:水平方向中间对齐。

Right:右对齐。

Distribute equally:水平方向等间距分布。

【Vertical Alignment】选项区域:设置垂直方向的排列与对齐方式。

No Change:不改变位置

Top：顶端对齐

Center：垂直方向中间对齐

Bottom：底端对齐

Distribute equally：垂直方向等间距分布

③设置完毕，单击 OK。

1.4.3 实践训练

1）训练任务

打开…\Design Explorer 99se\Examples\Z80 Microprocessor. ddb 的 Cpu Clock. sch 得到图 1.100 电路，进行如下操作：

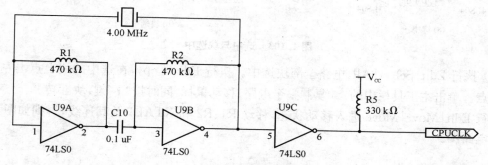

图 1.100　电路图

（1）练习选中 C10，块选中 R1 和 R5，然后取消选中和块选中。

（2）利用移动、复制、剪切、粘贴、删除把图 1.100 电路修改成如图 1.101 所示。

（3）利用对齐操作把图 1.102(a)中的元器件排列成如图 1.102(b)所示。栅格大小为 10 mil。

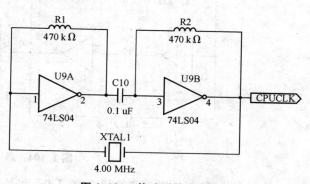

图 1.101　修改后的电路图

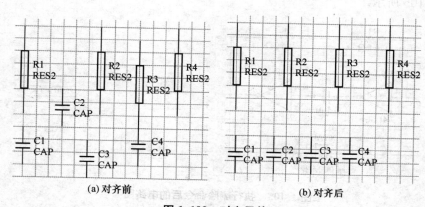

(a) 对齐前　　　　　　(b) 对齐后

图 1.102　对齐元件

2) 步骤指导

(1) 将光标移动到 C10 上单击左键,C10 周围出现虚线框,被选中,如图 1.103(a)所示;再在原理图的空白处单击左键,撤销选中 C10。

执行 Edit|Toggle selection 进入块选中状态,分别在 R1 和 R5 上单击左键,R1 和 R5 周围出现黄色边框,被块选中,如图 1.103(b)所示。

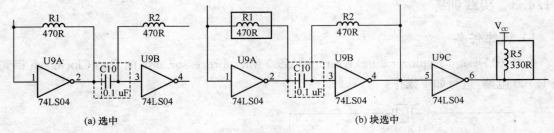

图 1.103　选中与块选中

(2) 执行 Edit|Select|All,电路全部块选中。执行 Edit|Copy,在选中的块上点击左键,确定参考点。单击主工具栏中的　　复制整个电路;移动鼠标,同时按"Y"键,块翻转。

执行 Edit|Move|Move 进入移动状态,移动 R1、R2 和 XTAL1 及其连线,得到如图 1.104所示的电路图。

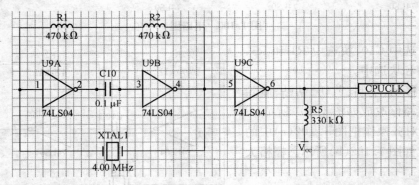

图 1.104　题 2(2)图

执行 Edit|Delete 进入删除状态,在 U9C 和 R5 及其连线上单击左键,删除 U9C 和 R5 及其连线,如图 1.105 所示。

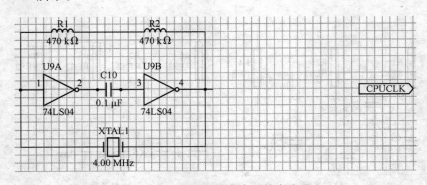

图 1.105　执行删除命令后的电路图

执行 Edit|Toggle selection 进入块选中状态,在 CPUCLk 上单击左键,CPUCLk 周围出现黄色边框,表明 CPUCLk 被块选中。单击主工具栏上的 ✂,剪切 CPUCLk,再单击主工具栏上的 ✎,粘贴 CPUCLk 至如图 1.101 所示的位置。单击主工具栏上的 ✕,取消 CPUCLk 块选中状态,得到图 1.106。

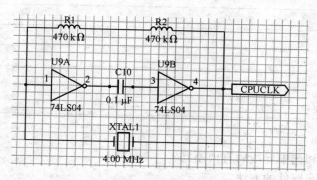

图 1.106 执行剪切和粘贴后的电路图

(3) 设置栅格大小为 10 mil,执行 Place|Part 命令,按图 1.103(a)放置元器件。执行 Edit|Toggle selection 进入块选中状态,在 R1~R4 上单击鼠标左键,块选中 R1~R4。执行 Edit|Align|Align...,按图 1.107 设置弹出的窗口,点击"OK",再单击主工具栏中的 ✕,取消选中状态,即按图 1.108 排齐所有的电阻。

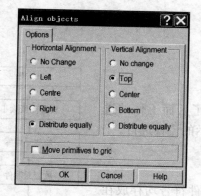

图 1.107 Edit|Align|Align... 窗口设置

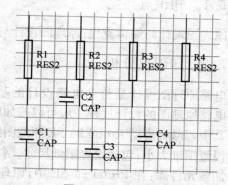

图 1.108 排齐电阻

执行 Edit|Toggle selection 进入块选中状态,在 C1~C4 上单击鼠标左选键,块中 C1~C4。执行 Edit|;Align|Align...,按图 1.109 设置弹出的窗口,点击"OK",再单击主工具栏中的 ✕,取消选中状态,即按图 1.102(b) 排齐所有的电阻和电容。

3) 重点提示

(1) 对象的基本操作的方法有多种,应灵活使用。

(2) 注意选中与块选中的不同。

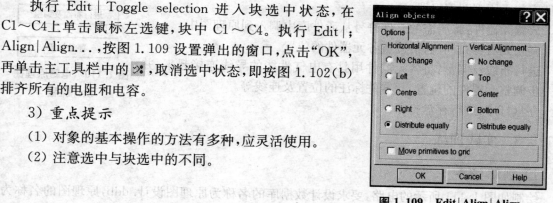

图 1.109 Edit|Align|Align...
窗口设置

4）训练体会

_____

_____

_____

_____

_____ 。

5）结果考核

_____ 。

6）思考练习

（1）选中元器件和选中导线后有何不同？

（2）试列出删除元器件的方法。

（3）在移动对象时，按"X"、"Y"键，有何作用？

（4）观察选中文本、网络标号后的情况。

1.5　电路原理图设计与编辑

1.5.1　知识点

原理图设计与编辑流程；原理图设计与编辑举例。

1.5.2　知识点分析

电路原理图设计是整个电路设计的基础，它决定了后面工作的进展。电路原理图的设计过程一般可以按如图 1.110 所示的流程进行。

其中，开始：启动 Protel 99 SE 原理图编辑器。

设置图纸大小：包括设置图纸尺寸、网格和光标等。

加载元件库：在 Protel 99 SE 中，原理图中的元器件符号均存放在不同的原理图元件库中，在绘制电路原理图之前，必须将所需的原理图元件库装入原理图编辑器。

放置元器件：将所需的元件符号从元件库中调入到原理图中。

调整元器件布局位置：调整各元器件的位置。

进行布线及调整：将各元器件用具有电气性能的导线连接起来，并进一步调整元器件的位置、元器件标注的位置及连线等。

存盘打印：进行存盘打印。

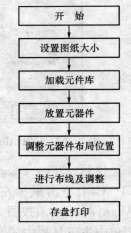

图 1.110　电路原理图设计流程

1.5.3　实践训练

1）训练任务

绘制如图 1.111 所示的电路，要求设计数据库的名称为原理图设计.ddb，原理图的名称为原理图.Sch，图纸大小 A4，网格大小 10 mil，光标 45°，元器件对象见表 1.5。

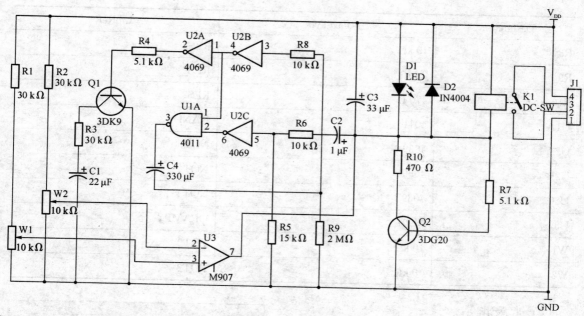

图 1.111 电路图

表 1.5 元器件对象信息

Designator	PartType	LibRef
C1	22 μF	CAPACITOR POL
C2	1 μF	CAPACITOR POL
C3	33 μF	CAPACITOR POL
C4	330 μF	CAPACITOR POL
D1	LED	LED
D2	IN4004	DIODE
J1	*	CON4
K1	DC-SW	RELAY-SPST
Q1	3DK9	NPN
Q2	3DG20	NPN
R1	30 kΩ	RES2
R2	30 kΩ	RES2
R3	30 kΩ	RES2
R4	5.1 kΩ	RES2
R5	15 kΩ	RES2
R6	10 kΩ	RES2
R7	5.1 kΩ	RES2

（续表 1.5）

Designator	PartType	LibRef
R8	10 kΩ	RES2
R9	2 MΩ	RES2
R10	470 Ω	RES2
U1A	4011	NAND
U2A	4069	NOT
U2B	4069	NOT1
U2C	4069	NOT4
U3	M907	OPAMP
W1	10 kΩ	POT2
W2	10 kΩ	POT2

2）步骤指导

（1）打开 Protel 99 SE 软件，执行 File|New 命令，在弹出的窗口中按图 1.111 绘制，单击 "OK"，建立"原理图设计.ddb"文件。

（2）打开 Documents，执行 File|New，建立 "原理图.sch"文件。

（3）打开"原理图.sch"，执行 Design|Options命令，对 Document Options 进行如图 1.112 所示设置。

图 1.112　建立"原理图设计.ddb"

（4）在元件库管理器窗口，单击 Add/Remove 按钮，在 Change Library File List 窗口按图 1.113 设置。单击"OK"，加载 Miscellaneous Devices 元件库。

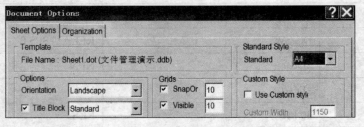

图 1.113　Document Options 设置

（5）在元件库管理器窗口元件列表区内，找到"CAPACITOR POL"（极性电容）并选中，如图 1.114 所示。单击 Place 按钮，按"Tab"键打开"CAPACITOR POL"的属性设置对话框（见图 1.115），按照表 1.5 设置属性，单击"OK"。如图 1.116 所示。按空格键调整 C1 的方向，移动鼠标调整位置，单击鼠标左键放置，如图 1.117 所示。再按"Tab"键打开"CAPACITOR POL"的属性，依照放置 C1 的方法分别放置 C2、C3 和 C4，然后单击鼠标右键退出放置"CA-PACITOR POL"（极性电容）的状态。

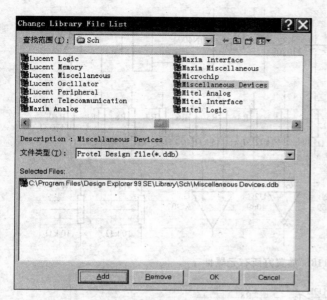

图 1.114 加载元件库

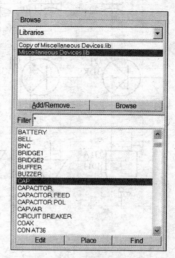

图 1.115 放置 CAPACITOR POL

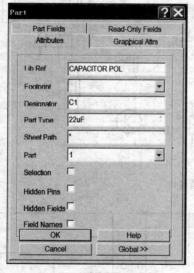

图 1.116 C1 的属性设置

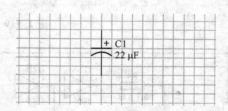

图 1.117 放置好的 C1

用同样的方法放置 D1、D2、J1、K1、Q1、Q2、R1、R2、R3、R4、R5、R6、R7、R8、R9、R10、U1A、U2A、U2B、U2C、U3、W1 和 W2,如图 1.118 所示。

(6) 将鼠标移动到元器件上按住左键移动,同时可按空格键改变元器件的方向。调整元器件的位置,把所有的元器件调整到合适的位置,如图 1.119 所示,完成元器件的布局。

(7) 执行 Place|Wire,放置导线,按图 1.111 连接元器件的管脚,完成后可以适当调整元器件的位置,结果如图 1.120 所示。

(8) 执行 Place|Power Port,按"Tab"键打开 Power Port 属性设置窗口,按图 1.121 设置电源,单击"OK",用鼠标和空格键把 V_{DD} 放置到合适的位置。再按"Tab"键打开 Power Port 属性设置窗口,按图 1.122 设置电源地,单击"OK",用鼠标和空格键把电源地 GND 放置到合适的位置,结果如图 1.123 所示。

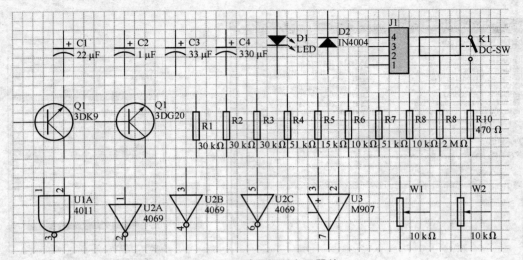

图 1.118   放置好所有元器件

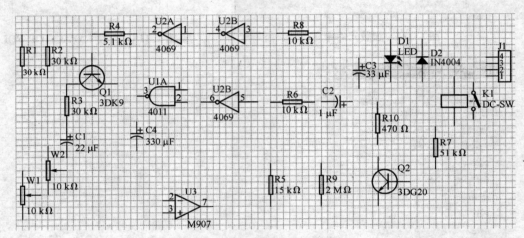

图 1.119   布局好的元器件

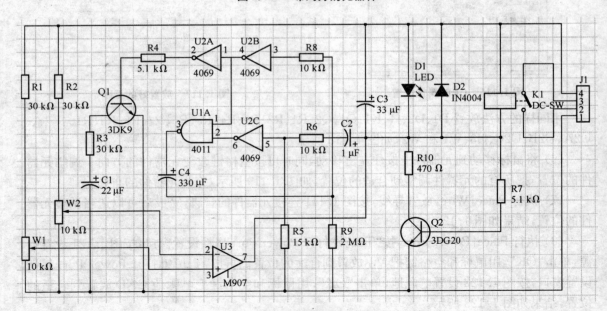

图 1.120   放置好导线的电路图

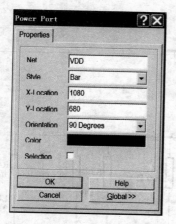

图 1.121 电源 V$_{DD}$ 属性设置图

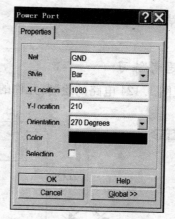

图 1.122 电源地 GND 的设置

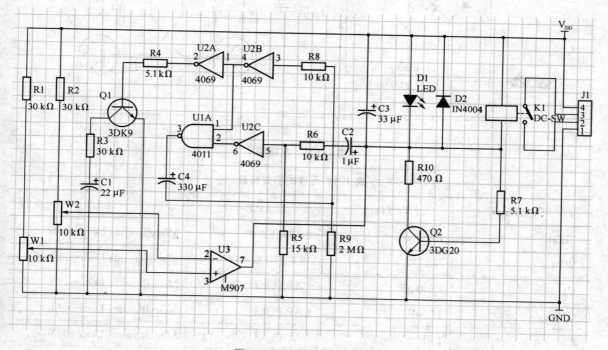

图 1.123 完成的电路图

3) 重点提示

(1) 连接元器件管脚使用的是"Wire"而不是"Line"。

(2) 放置 U1A、U2A、U2B、U2C 元器件时注意子件号的选取。

4) 训练体会

5）结果考核

6）思考练习

完成图 1.124 电路的绘制，元件的相关信息见表 1.6。

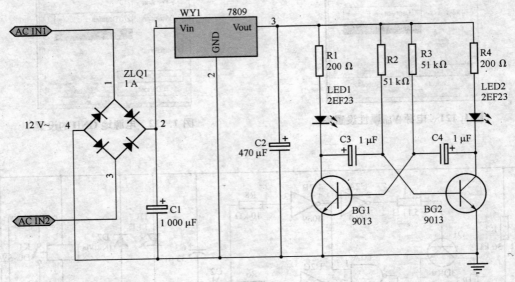

图 1.124　电路图

表 1.6　元件的相关信息

Designator	PartType	LibRef	Lib
ZLQ1	1 A	BRIDGE1	Miscellaneous Devices. lib
WY1	7809	VOLTREG	Miscellaneous Devices. lib
C1	1 000 μF	CAP POL1	Miscellaneous Devices. lib
C2	470 μF	CAP POL1	Miscellaneous Devices. lib
C3	1 μF	CAP POL1	Miscellaneous Devices. lib
C4	1 μF	CAP POL1	Miscellaneous Devices. lib
R1	200 Ω	RES2	Miscellaneous Devices. lib
R2	51 kΩ	RES2	Miscellaneous Devices. lib
R3	51 kΩ	RES2	Miscellaneous Devices. lib
R4	200 Ω	RES2	Miscellaneous Devices. lib
LED1	2FE23	LED	Miscellaneous Devices. lib
LED2	2FE23	LED	Miscellaneous Devices. lib
BG1	9013	NPN	Miscellaneous Devices. lib
BG2	9013	NPN	Miscellaneous Devices. lib

1.6 电路原理图编辑技巧

1.6.1 知识点

　　快速绘制一组平行线；阵列粘贴；自动编号；文本查找与替换；对象属性全局选项的应用；ERC 测试；生成材料清单；生成网络表；设计图纸模板。

1.6.2 知识点分析

1) 快速绘制一组平行线

　　在绘制有集成芯片的数字电路时，经常需要把一个芯片的几个管脚与另外一个芯片的几个管脚平行连接。例如在如图 1.125 所示电路中，当集成电路芯片 U1 的 P00～P07 与 U2 的 D0～D7 之间需要通过一组平行导线连接时，可直接将 U2 左移（或执行"Edit"菜单下的"Move | Drag"、"Move | Move"命令），使两芯片需要连接的引脚端点重叠，如图 1.126 所示。然后执行"Edit"菜单下的"Move | Drag"命令（但这时不能直接移动或执行"Edit"菜单下的"Move | Move"命令），将 U2 平行右移，原先重叠的引脚端点间出现了连线，如图 1.127 所示。

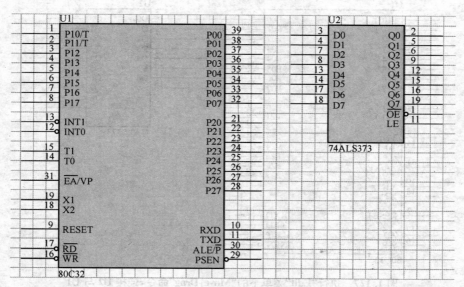

图 1.125　U1 的 P00～P07 与 U2 的 D0～D7 之间需要通过一组平行导线连接

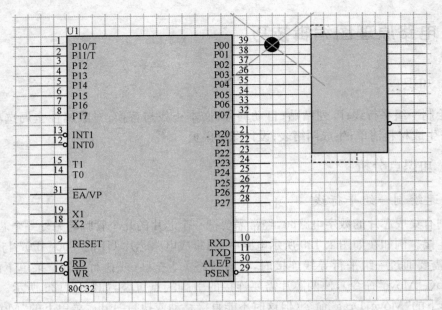

图 1.126 移动 U2 使其与 U1 的相应管脚重叠

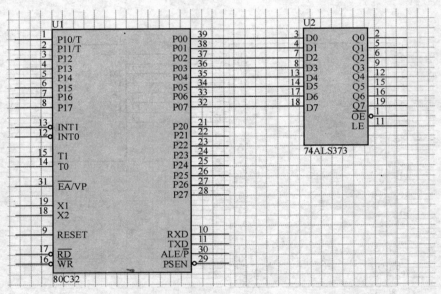

图 1.127 执行"Edit"菜单下的"Move|Drag"命令，连接 U2 与 U1

2）阵列粘贴

在编辑原理图时经常需放置一组对象，这时可以使用阵列粘贴提高效率。

（1）阵列粘贴的实现

①单击 Drawing Tools 工具栏的 ▦ 按钮，或执行菜单命令 Edit | Paste Array，系统弹出 Setup Paste Array 设置对话框，如图 1.128 所示。

②设置好对话框的参数后，单击"OK"按钮。

③此时光标变成十字形，在适当位置单击鼠标

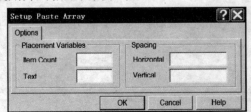

图 1.128 Setup Paste Array 设置对话框

左键,完成粘贴。

【Setup Paste Array】设置对话框中各选项含义:

Item Count:要粘贴的对象个数。

Text:元件序号的增长步长。

Horizontal:粘贴对象的水平间距。

Vertical:粘贴对象的垂直间距。

(2) 应用

以放置图 1.129 中电阻 R1~R10 为例,介绍通过"画图"工具内的"阵列粘贴"工具放置一组元件的操作过程。

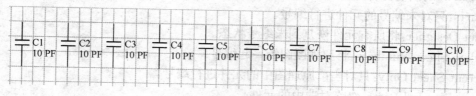

图 1.129　阵列复制结果要求

①在元件库(. lib)列表窗内,找到并单击电容元件"CAP"所在的电气符号图形库文件"Miscellaneous Device. lib"。

②在元件列表窗内,找到并单击"CAP"。

③单击元件对话框中的"Place"按钮,将电容移到绘图区。

④按下"Tab 键",进入 CAP 元件属性设置对话框,设置元件序号为 C1,大小为 10pF。单击"OK"按钮,关闭元件属性设置对话框。

⑤移动鼠标,或按空格键、X 键、Y 键,将 C1 电容放到编辑区内适当位置。

⑥调整好元件序号、型号字符串位置和大小。

⑦执行"Edit"菜单下的"Toggle Selection"命令,然后将鼠标移到 C1 电容上,单击左键选中,再单击右键,退出连续选择命令状态。

⑧执行"Edit"菜单下的"Copy"(复制)命令,将鼠标移到被选中的 C1 电容框内,单击左键,确定复制操作的参考点。

⑨执行"Edit"菜单下的"Clear"命令,删除 C1。

⑩执行"画图"工具栏内的"阵列粘贴"工具,在如图 1.130 所示的"阵列粘贴"属性设置对话框内,输入需要的数目、各粘贴单元之间水平与垂直距离等参数后,单击"OK"按钮。

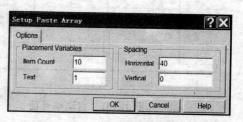

图 1.130　"阵列粘贴"属性设置对话框

⑪单击左键放置。

⑫执行移动操作,将粘贴的图件阵列移到指定位置后,单击主工具栏内"解除选中"工具,即可获得排列整齐的一组元件。也可以通过"画图"工具内的"阵列粘贴"工具放置一组组合元件。

3) 自动编号

在放置元件操作过程中,如果没有在元件属性设置对话框内指定元件序号,Protel 99 SE 将使用缺省设置,如用"U?"作为集成电路芯片的元件序号,用"R?"作为电阻元件序号,用"C?"作为电容元件序号,用"L?"作为电感元件序号,用"D?"作为二极管类元件序号,用"Q?"作为三极管类元件序号。

在 Protel 99 SE 中需要为每个元器件指定唯一的标号,一种方法是通过元器件的属性设置对话框编号;另一种利用 Protel 99 SE 提供的自动编号命令自动编号。

下面以如图 1.131 所示的电路为例,介绍元件自动编号的操作过程。

①执行"Tools"菜单下的"Annotate..."命令,在如图 1.132 所示的元件自动编号设置窗口内,指定元件重新编号的范围及条件。

■ Option 页面

【Annotate Options】区域

All Paret:对所有元件进行标注编号。

? Parts:只对未编号的元件进行编号。

Reset Designer:将所有元件恢复到未编号状态。

Update Sheet Numbers:将原理图图纸一起编号。

Current Sheet Only:只对当前原理图中的元件进行编号。

Ignore Selected Parts:忽略对选中的元件。

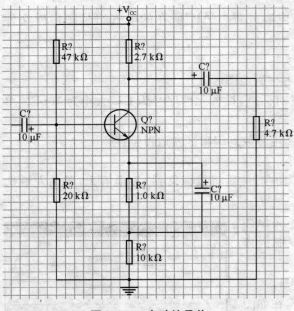

图 1.131 自动编号前

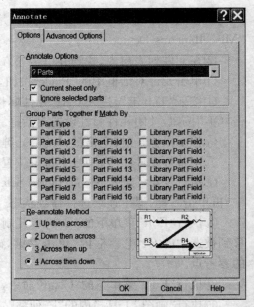

图 1.132 自动编号设置

【Group Parts Together if Match By】区域

设定区分多元件芯片的标注。

【Re-annotate Method】区域

1 Up then across:先上再交叉。

2 Down then across:先下再交叉。

3 Across then up:横向再交叉向上。

4 Across then down:横向再交叉向下。

■ Advanced Option 页面

该页面用于设置一个项目中各个原理图的标注编号的范围以及后缀。

②设置好自动编号条件后,单击"OK"按钮,启动元件自动编号进程。在编号过程中将自动

建立一个报告文件(.rep),记录编号前后元件序号的对应关系。在编号结束后,自动进入文本编辑状态,显示元件自动编号报告,如图 1.133 所示。

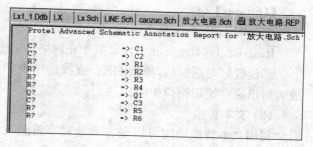

③在"设计文件管理器"窗口内单击原理图文件或直接单击编辑区窗口上的原理图文件名,返回原理图编辑状态,可看到图中元件序号已变更,如图 1.134 所示。

图 1.133   元器件自动编号报告

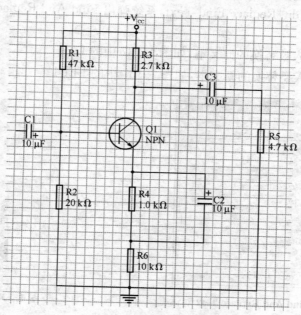

图 1.134   自动编号后

4) 文本查找与替换

(1) 文本查找

操作步骤:

①执行菜单命令 Edit | Find Text,系统弹出 Find Text 对话框,如图 1.135 所示。

【Text to find】文本框

输入要查找的文本,允许使用通配符" * "和"?"。

【Scope】区域

设置查找范围。

Sheet:查找的原理图范围。Current Document:在当前活动的原理图中查找;All Documents:在当前原理图所属项目的全部原理图中查找。

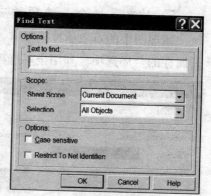

图 1.135   Find Text 对话框

Selection:查找的对象范围。All Objects:在所有的对象中查找;Selected Objects:在被选中的对象中查找;Deselected Objects:在未被选中的对象中查找。

【Options】区域

Case sensitive：区分大小写。

Restrict To Net Identify：仅限于在网络标志中查找。

②设置好对话框后，单击 OK。查找的结果周围出现虚线框，且在放大后出现在编辑窗口中间。

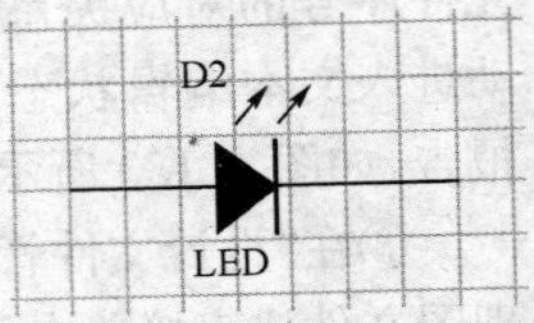

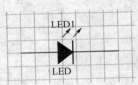

图 1.136　替换前

（2）文本替换

利用文本替换功能可以很方便地对字符进行修改，如图 1.136 所示将元件标号 D2 改成 LED1。

①执行菜单命令 Edit|Replace Find Text，系统弹出 Find And Replace Text 对话框。

【Text】区域

Text To Find：输入被替换的原文本，如图 1.137 中的 D2。

Replace With：输入要替换的新文本，如图 1.137 中的 LED1。

图 1.137　Find And Replace Text 对话框

图 1.138　替换后

【Options】区域

Prompt On Replace：找到指定文本后替换前提示确认。

②单击 OK。结果如图 1.138 所示。

5）对象属性全局选项的应用

原理图中的对象属性除了有一般的选项外，还有全局选项，单击图 1.139 中的 Global 可打开属性的全局选项。利用全局选项可一次修改所有同类对象的属性。下面以导线为例说明。

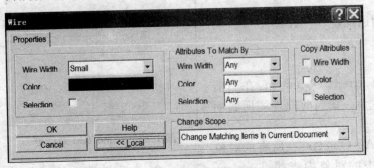

图 1.139　对象的全局选项

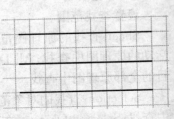

图 1.140　修改前

利用全局选项把图 1.140 中的导线宽度由"Small"修改为"Large"。

①单击"Global>>"按钮,激活全局选项设置对话框。

②单击"Attributes To Match By"(匹配选项)选项框内的"Wire Width"下拉列表框,选择"Any"。

③单击"Attributes"(属性)选项框内的"Wire Width"下拉列表框,选择所需线宽为"Large"。

④单击"Copy Attributes"(复制属性)选项框内的"Wire Width"复选框,使该复选项处于选中状态。

⑤在"Change Scope"(改变范围)选项框中选择 "Change Matching Items In Current Document",仅修改当前原理图中的导线属性,如图 1.141 所示。

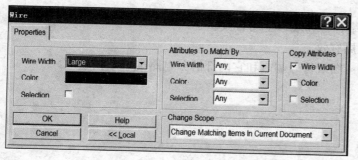

图 1.141　全局选项的设置

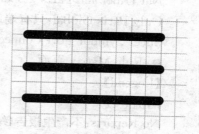

图 1.142　修改后

⑥单击"OK"按钮,退出导线全局选项设置对话框,则图中所有导线的宽度都修改为"Large",如图 1.142 所示。

6) ERC 测试

电气规则测试(Electronic Rules Checking,ERC)用来对编辑好的原理图进行电气规则测试,通常按用户指定的物理、逻辑特性进行,检测完毕后自动生成报告文件。选择 Tools|ERC 命令,执行该项操作后出现如图 1.143 所示的对话框,完成选项的设置。

■　Setup 页面

【ERC Options】区域

在该区域设置检查错误的种类。其中:

Multiple net names on net:一个网络上有多个网络标号。

Unconnected net labels:未连接的网络标号。

Unconnected power objects:未连接的电源和地线。

Duplicate sheet numbers:原理图图号重复。

Duplicate component designator:重复的元件编号。

Bus label format errors:总线格式错误。

Floating input pins:输入引脚悬空。

Suppress warnings:不将警告信息记录在错误报告中。

【Options】区域

该区域给出处理错误的方法。

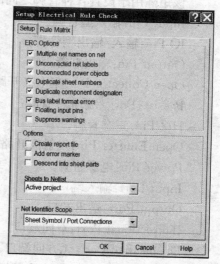

图 1.143　ERC 设置

Create Report File：建立报告文件。

Create Error Makers：在错误处加上错误标记。

Descend Into Sheet Parts：设定检查范围。

【Sheet to net list】下拉列表框

设定检查范围。

Active sheet：只检查当前窗口中的原理图。

Active project：检查当前项目。

Active sheet plus sub sheets：检查当前电路图及子图。

【Net Identifier Scope】下拉列表框

设定端口和网络标号的有效范围。

Net Label and Parts global：网络标号和端口全局有效。

Only Parts Global：只有端口全局有效。

Sheet Symbol/Port Connections：图纸符号端口和它内部的分电路端口是相连的。

■ Rule Matrix 页面

【Legend】

图例区域。

No Reports：不产生报告（绿色）。

Error：错误（红色）。

Warning：警告（黄色）。

【检查规则矩阵】

该矩阵用于设置各种管脚之间的关系。

Input Pin：输入型管脚。

IO Pin：输入/输出型管脚。

Output Pin：输出型管脚。

Open Collector Pin：集电极开路管脚。

Passive Pin：无源元件管脚。

HiZ Pin：三态管脚。

Open Emitter Pin：发射极开路管脚。

Power Pin：电源管脚。

Input Port：输入端口。

Output Port：输出端口。

Bidirectional Port：双向端口。

Unspecified Port：无方向端口。

Input sheet Entry：输入型图纸符号端口。

Output Sheet Entry：输出型图纸符号端口。

Bidirectional Sheet Entry：双向图纸符号端口。

7）生成材料清单文件

生成材料清单文件（.xls）的目的是迅速获得一个设计项目或一张电路图所包含的元件类型、封装形式、数目等，以便进行采购或成本预算。获取材料清单的操作过程如下：

①执行 Reports | Bill of Material 命令，在如图 1.144 所示的材料清单向导窗口内单击

"Next"按钮。

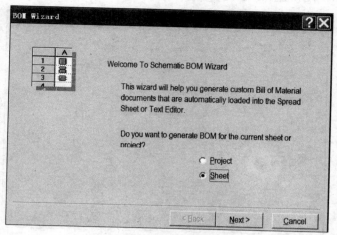

图 1.144　生成材料清单向导

②在如图 1.145 所示的窗口内，选择报表内容。单击相应选项前的复选框，即可选择或取消相应的选项。

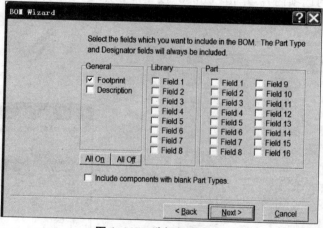

图 1.145　选择报表内容

③在如图 1.146 所示的窗口内，输入表头信息然后单击"Next"按钮。

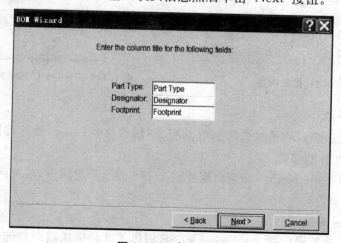

图 1.146　表头信息

④在如图 1.147 所示的窗口内,选择材料清单报表文件格式。

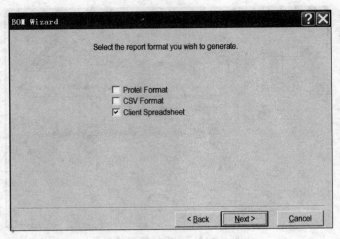

图 1.147 选择材料清单报表文件格式

⑤在图 1.147 的窗口内,选择"Client Spreadsheet"文件格式后,单击"Next"按钮;如果不需要修改以上窗口内的选项内容,单击"Finish"按钮,Protel 99 SE 自动启动表格编辑器,列出当前电路的材料清单内容,如图 1.148 所示。

A1	Part Type				
	A	B	C	D	E
1	Part Type	Designator	Footprint		
2	1uF	C2	RB.2/.4		
3	2M	R9	AXIAL0.3		
4	3DG20	Q2	TO-126		
5	3DK9	Q1	TO-126		
6	5.1K	R7	AXIAL0.3		
7	5.1K	R4	AXIAL0.3		
8	10K	R8	AXIAL0.3		
9	10K	R6	AXIAL0.3		
10	10K	W1	VR2		
11	10K	W2	VR2		
12	15K	R5	AXIAL0.3		
13	22uF	C1	RB.2/.4		
14	30K	R3	AXIAL0.3		
15	30K	R2	AXIAL0.3		
16	30K	R1	AXIAL0.3		
17	33uF	C3	RB.2/.4		
18	330uF	C4	RB.2/.4		
19	470	R10	AXIAL0.3		
20	4011	U1A	DIP3		
21	4069	U2B	DIP2		
22	4069	U2C	DIP2		
23	4069	U2A	DIP2		
24	DC-SW	K1	DIP4		
25	IN4004	D2	DIODE0.4		

图 1.148 报表内容

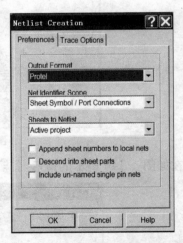

图 1.149 Design|Create Netlist 命令对话框

8）生成网络表

编辑原理图的最终目的是制作印制电路板,网络表文件(.net)是连接原理图编辑器 SCH 与印制板编辑器 PCB 的纽带。

选择 Design|Create Netlist 命令出现如图 1.149 的所示对话框,该对话框中有 Preferences 和 Trace Options 页面。

■ Preferences 页面

【Output Format】:输出格式。Protel 99 SE 提供了 8 种格式供用户选择,默认为 Protel 输

出格式。

【Net Identifier Scopy】:网络识别器范围。有三种选项,默认为 Sheet Symbol/Port Connections。

【Sheets to Netlist】:生成网络表的源文件。默认为 Active project。

【Append sheet numbers to local nets】:将原理图的编号加到网络名称上。

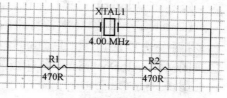

【Descend into sheet parts】:降序方式进入清单。

【Include un-named single pin nets】:包含未命名的单管脚网络。

图 1.150 示例电路

Preferences 页面设置通常采用系统默认内容。

■ Trace Options 页面

一般选中 Enable Trace 复选框,其他各项采用系统默认内容。

对于如图 1.150 所示的电路,建好的网络表如图 1.151 所示。

网络表中主要由[ ]和( )两部分组成,即元件和网络,其格式如下:

[

元件名称

元件封装形式

元件标称值或型

]

(

节点编号(网络名称)

与节点相连的元件引脚

……

)

……

Lx1_1.Ddb | LX | net.Sch | net.NET

```
[
R1
AXIAL0.4
470R
]
[
R2
AXIAL0.4
470R
]
[
XTAL1
XTAL1
4.00 MHz
]
(
NetR1_1
R1-1
XTAL1-1
)
(
NetR1_2
R1-2
R2-1
)
(
NetXTAL1_2
R2-2
XTAL1-2
)
```

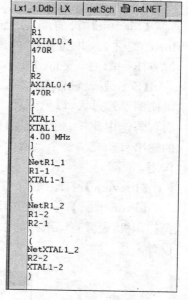

图 1.151 网络表文件

9) 设计图纸模板

Protel 99 原理图编辑器提供了多个模板文件,存放在 Design Explorer 99\System 文件夹下的 Templates. ddb 文件包内。Templates. ddb 文件包中含有多个底图模板文件,扩展名为. dot。用户也可以建立自己的图纸模板文件,步骤如下:

①新建. sch 原理图文件。

②设置图纸及环境。

③把文件的扩展名改为. dot。

④执行 Design|Template|Set Template File Name,在弹出的窗口中选择. dot 文件,单击“OK”。

⑤在弹出的窗口中单击“OK”即可引用该模板文件。

10) 原理图打印

绘制好的电路原理图往往需要打印出来。Protel 99 SE 支持多种打印机,可以说 Windows 支持的打印机 Protel 99 SE 系统都支持。打印的操作步骤如下:

①打开一个原理图文件。

②执行菜单命令 File|Setup Printer,系统弹出 Schematic Printer Setup 对话框,如图 1.152 所示。

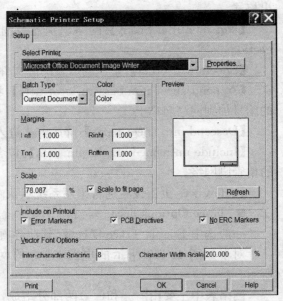

【Select Printer】:选择打印机。

【Batch Type】:选择准备打印的电路图文件,有两个选项:Current Document 打印当前原理图文件;All Documents 打印当前原理图文件所属项目的所有原理图文件。

【Color Mode】:打印颜色设置,有两个选项:Color 彩色打印输出;Monochrome 单色打印输出,即按照色彩的明暗度将原来的色彩分成黑白两种颜色。

【Margin】:设置页边空白宽度,单位是Inch(英寸)。共有四种页边空白宽度:Left(左)、Right(右)、Top(上)、Bottom(下)。

图 1.152　Schematic Printer Setup 对话框

【Scale】:设置打印比例,范围是 $0.001\% \sim 400\%$。尽管打印比例范围很大,但不宜将打印比例设置过大,以免原理图被分割打印。"Scale to fit Scale"复选框的功能是"自动充满页面",若选中此项,则无论原理图的图纸种类是什么,系统都会计算出精确的比例,使原理图的输出自动充满整个页面。需要指出的是,若选中 Scale to fit Scale,则打印比例设置将不起作用。

【Preview】:打印预览。若改变了打印设置,单击 Refresh 按钮,可更新预览结果。

【Properties】:单击此按钮,系统弹出打印设置对话框,如图 1.153 所示。在其中,用户可选择打印机,设置打印纸张的大小、来源、方向等。单击"属性"按钮可对打印机的其他属性进行设置。

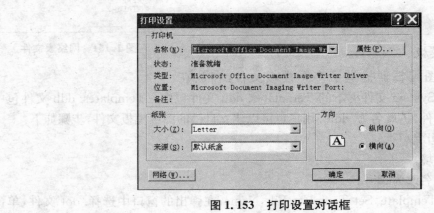

图 1.153　打印设置对话框

③打印:单击图 1.152 中的 Print 按钮;或单击图 1.152 中的 OK 按钮后执行菜单命令 File|Print。

1.6.3 实践训练

1) 训练任务

绘制编辑如图 1.154 所示的电路。

(1) 新建 LX1_6.sch 原理图文件。

(2) 在原理图中放置所需的元器件,电阻的放置采用阵列粘贴的方法实现。

(3) 用拖拉的方法实现 Q1 与 C1、R3、R4 的连接。

(4) 利用文本查找方法查找 Q1 的 Part Type。

(5) 利用对象属性全局选项给电容设置 Part Type。

(6) 完成布局和连线,对元件进行自动编号。

(7) 对 LX1_6.sch 进行 ERC 测试。

(8) 生成材料清单。

(9) 生成网络表。

(10) 新建 Mydot.dot 图纸模板,图纸为 A4,无栅格线,把 Mydot.dot 应用到 LX1_6.sch。

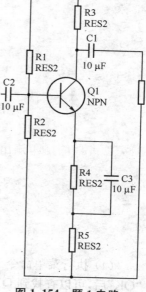

图 1.154 题 1 电路

2) 步骤指导

(1) 在打开的设计数据库文件中,新建 LX1_6.sch 文件。

(2) 在图纸中先放置电阻 R1,如图 1.155 所示。块选中 R1,执行 Edit|Copy,在 R1 上单击鼠标左键确定参考点。执行 Edit|Cut 删除 R1。

执行菜单命令 Edit|Paste Array,系统弹出 Setup Paste Array 对话框,按图 1.156 设置。单击"OK",放置 6 个电阻,如图 1.157 所示。

放置其他元件,结果如图 1.158 所示。

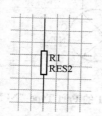

图 1.155 放置 R1

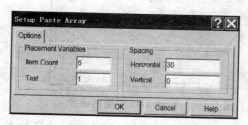

图 1.156 Setup Paste Array 设置

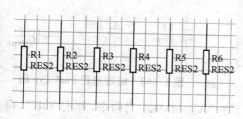

图 1.157 放置 6 个电阻

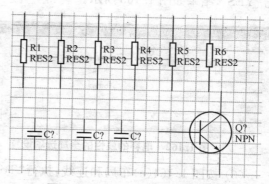

图 1.158 放置好元器件的电路图

（3）用拖拉的方法实现 Q1 与 C1、R3、R4 的连接，如图 1.159 所示。

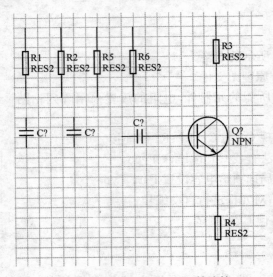

图 1.159　Q1 与 C1、R3、R4 的连接

（4）执行菜单命令 Edit|Find Text，系统弹出 Find Text 对话框，按图 1.160 设置。单击"OK"后，可以查找到 Q1 的 Part Type："NPN"，如图 1.161 所示。

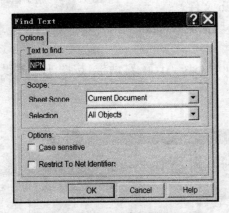

图 1.160　Find Text 对话框设置

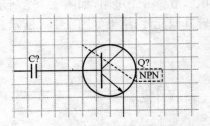

图 1.161　查找到 Q1 的 Part Type："NPN"

（5）在电容上双击左键，打开电容的属性的全局选项，按图 1.162 设置。单击"OK"，再单击"YES"，结果如图 1.163 所示。

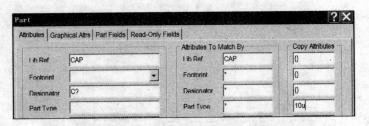

图 1.162　电容的属性的全局选项设置

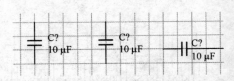

图 1.163　电容电置 Part Typ 后

（6）按图 1.164(a) 布局和连线，执行"Tools"菜单下的"Annotate…"命令，单击"OK"，得到报告文件如图 1.165 所示，原理图如图 1.164(b) 所示。

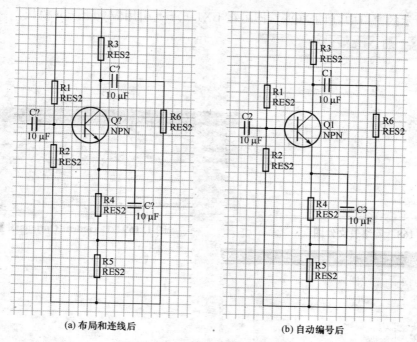

(a) 布局和连线后　　　　(b) 自动编号后

图1.164　布局、连线和自动编号

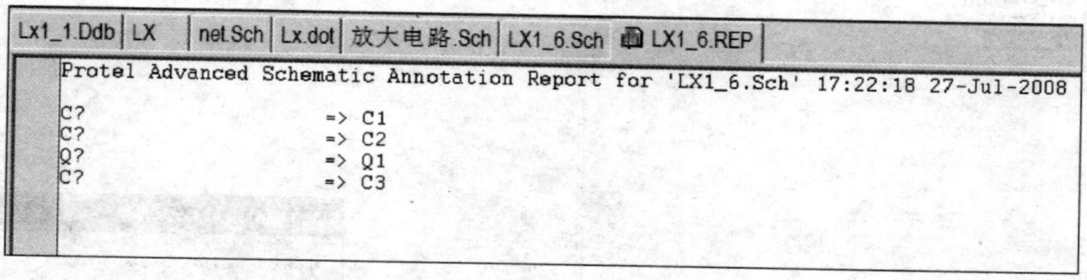

| Lx1_1.Ddb | LX | net.Sch | Lx.dot | 放大电路.Sch | LX1_6.Sch | LX1_6.REP |

Protel Advanced Schematic Annotation Report for 'LX1_6.Sch' 17:22:18 27-Jul-2008

```
C?                    => C1
C?                    => C2
Q?                    => Q1
C?                    => C3
```

图1.165　报告文件图

（7）Tools|ERC命令，生成的ERC报告文件如图1.166所示。

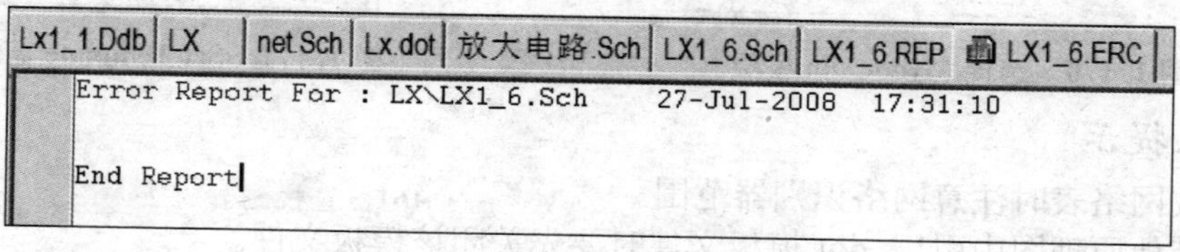

| Lx1_1.Ddb | LX | net.Sch | Lx.dot | 放大电路.Sch | LX1_6.Sch | LX1_6.REP | LX1_6.ERC |

Error Report For : LX\LX1_6.Sch   27-Jul-2008   17:31:10

End Report|

图1.166　ERC报告文件图

（8）执行 Reports|Bill of Material 命令，采用默认设置。完成后得到如图1.167所示的清单表。

（9）执行 Design|Create Netlist 命令生成网络表，采用默认设置。完成后得到如图1.168所示的网络表文件图。

（10）建立 Mydot. sch 文件，把文件名改 Mydot. dot。打开文件后，Document Options 对话框作如图1.169所示的设置。

关闭 Mydot. dot，打开 LX1_6. sch，执行 Design|Template|Set Template File Name，在弹出的窗口中选择 Mydot. dot 文件，如图1.170所示。单击"OK"，在弹出的

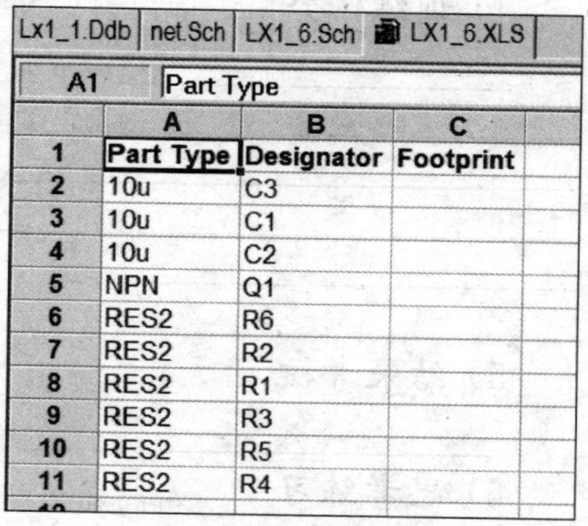

Lx1_1.Ddb	net.Sch	LX1_6.Sch	LX1_6.XLS
A1		Part Type	

	A	B	C
1	Part Type	Designator	Footprint
2	10u	C3	
3	10u	C1	
4	10u	C2	
5	NPN	Q1	
6	RES2	R6	
7	RES2	R2	
8	RES2	R1	
9	RES2	R3	
10	RES2	R5	
11	RES2	R4	

图1.167　材料清单图

如图 1.171 所示的窗口中,单击"OK",即可在 LX1_6. sch 引用 Mydot. dot 模板。

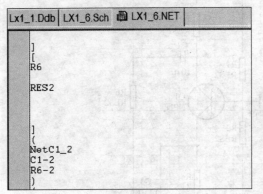

图 1.168　网络表文件图

图 1.169　Document Options 设置

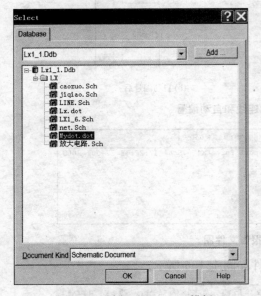

图 1.170　选择 Mydot. dot 模板

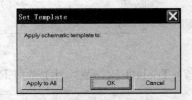

图 1.171　Set Template 窗口操作

3) 重点提示

(1) 生成网络表时注意网络识别器范围。

(2) 在其他原理图中引用 .dot 模板文件时要先关闭该模板文件。

4) 训练体会

_____

_____

_____

_____

_____ 。

5) 结果考核

_____ 。

6) 思考练习

综合利用所学知识,完成图 1.172 的绘制。

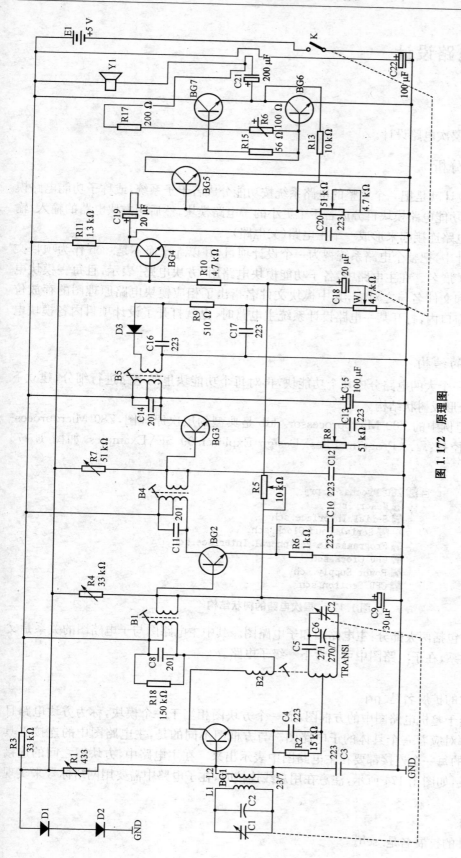

图 1.172 原理图

1.7　层次电路设计

1.7.1　知识点

层次电路结构；层次电路设计。

1.7.2　知识点分析

所谓层次电路设计就是把一个完整的电路系统按功能分成若干子系统，或称子功能电路模块，如有必要可把子功能电路模块再分成若干个更小的子电路模块，然后用方块电路的输入/输出端口将各子功能电路连接起来形成一个主电路（父电路）。

在层次电路设计中，把整个电路系统视为一个设计项目，并以. prj 而不是. sch 作为项目文件（主电路文件）的扩展名。在主电路中，各子功能模块电路用"方块电路"表示，且每一模块电路有惟一的模块名和文件名与之对应，其中模块文件名指出了相应模块电路原理图的存放位置。在原理图编辑窗口内，打开某一电路设计系统主电路时，也就打开了设计项目内各模块电路的原理图文件。

1）层次电路的结构

层次电路是将一个大的电路分成几个功能块，再对每个功能块里的电路进行细分，建立下一层模块，如此细分形成树状结构。

Protel 99 SE 范例中的 Z80 Microprocessor. ddb 是典型的层次原理图，Z80 Microprocessor. ddb 的存放路径是：... \Program Files\Design Explorer 99 SE\Examples，如图 1. 173 所示。

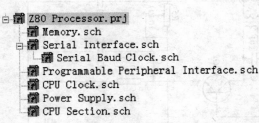

图 1. 173　层次电路的树状结构

层次电路主要包括两大部分：主电路图和子电路图。其中主电路图与子电路图的关系是父电路与子电路的关系，在子电路图中可包含下一级子电路。

（1）主电路图

主电路图文件的扩展名是. prj。

主电路图相当于整机电路图中的方框图，而一个方块图相当于一个模块，称为方块电路且每一个方块电路都对应着一个具体的子电路图。与方框图不同的是，主电路图中的连接更具体，各方块图之间的每一个连接都要在主电路图中表示出来。在主电路中，方块图之间的连接也要用导线和总线，如图 1. 174 所示，注意在用总线连接时，在子电路中需要用网络标号来实现具体的电气连接。

（2）子电路图

子电路图文件的扩展名是. sch。

一般的子电路图都是一些具体的电路原理图。子电路图与主电路图的连接是通过方块图中的端口实现的,如图 1.175 和图 1.176 所示。

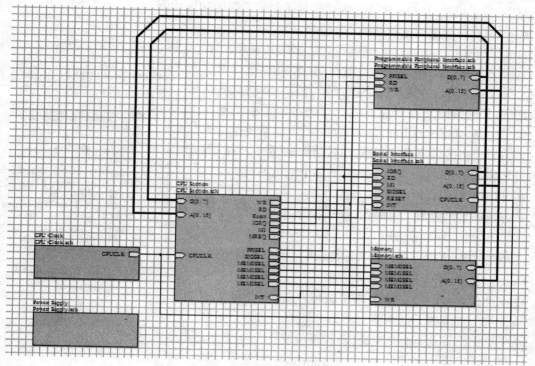

图 1.174 主电路图(Z80 Processor. prj)

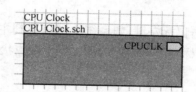

图 1.175 主电路图中的一个方块图

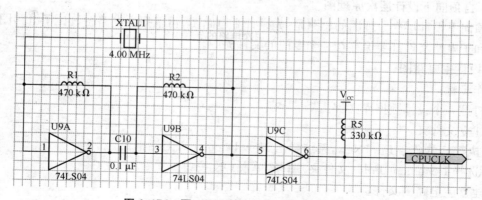

图 1.176 图 1.175 的方块图对应的子电路图

在如图 1.175 所示的方块图中,只有一个端口 CPUCLK;故在如图 1.176 中所示的子电路图中也只有一个端口——CPUCLK。所以,方块图中的端口与子电路图中的端口是一一对应的。

（3）不同层次电路文件之间的切换

在编辑或查看层次原理图时,有时需要从主电路的某一方块图直接转到该方块图所对应的子电路图,或者反之,Protel 99 SE 为此提供了非常简便的切换功能。

■ 利用项目导航树进行切换

打开 Z80 Microprocessor. ddb 设计数据库并展开设计导航树,如图 1. 177 所示。

其中 Z80 Processor. prj 是主电路图,前面的"－"表示该项目文件已被展开。主电路图下面扩展名为. sch 的文件就是子电路图,子电路图文件名前面的"＋"表示该子电路下面还有一级子电路,如 Serial Interface. sch。

单击导航树中的文件名或文件名前面的图标,可以很方便的打开相应的文件。

■ 利用导航按钮或命令

从方块图转到查看子电路图,操作步骤:

①打开方块图电路文件。

②单击主工具栏上的 ⬆⬇ 图标,或执行菜单命令 Tools|Up/Down Hierarchy,光标变成十字形。

图 1. 177　设计数据库文件的设计导航树

③在准备查看的方块图上单击鼠标左键,则系统立即切换到该方块图对应的子电路图上。

从子电路图转到查看主电路图,操作步骤:

①打开子电路图文件。

②单击主工具栏上的 ⬆⬇ 图标,或执行菜单命令 Tools|Up/Down Hierarchy,光标变成十字形。

③在子电路图的端口上单击鼠标左键,则系统立即切换到主电路图,该子电路图所对应的方块图位于编辑窗口中央,且鼠标左键单击过的端口处于聚焦状态。

2）层次电路的设计

层次电路有两种设计方法,一种是自顶向下,另一种是自底向上。

（1）自顶向下设计层次原理图

自顶向下设计层次原理图的思路是:先设计主电路图,再根据主电路图设计子电路图,这些主电路和子电路文件都要保存在一个专门的文件夹中。

■ 设计主电路图

操作步骤:

①打开一个设计数据库文件。

②建立文件夹。

a) 执行菜单命令 File|New,系统弹出 New Document 对话框。

b) 选择 Document Fold（文件夹）图标,单击 OK 按钮。

③建立主电路图文件。

a) 打开文件夹。

b) 执行菜单命令 File|New,系统弹出 New Document 对话框。

c) 选择 Schematic Document 图标,单击 OK 按钮。

d) 将该文件扩展名改为. prj。

④绘制方块图。

a）打开.prj文件。

b）单击 Wiring Tools 工具栏中的 图标或执行菜单命令 Place|Sheet Symbol，光标变成十字形，且有一个与前次绘制相同的方块图形状。

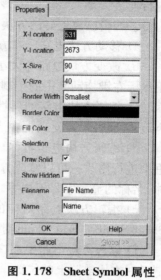

c）设置方块图属性。按"Tab"键，或双击已放置好的方块图，系统弹出 Sheet Symbol 属性设置对话框，如图 1.178 所示。设置好后，单击 OK 按钮确认，此时光标仍为十字形。

【Sheet Symbol】属性设置对话框中有关选项含义：

Filename：该方块图所代表的子电路图文件名。

Name：该方块图所代表的模块名称。此模块名应与 Filename 中的主文件名相对应，如 Memory。

d）确定方块图的位置和大小。在适当的位置单击鼠标左键，确定方块图的左上角，移动光标当大小合适时再次单击鼠标左键，则放置好一个方块图。

图 1.178 Sheet Symbol 属性设置对话框

e）此时仍处于放置方块图状态，可重复以上步骤继续放置；也可单击鼠标右键，退出放置状态。

⑤放置方块电路端口

a）单击 Wiring Tools 工具栏中的 图标，或执行菜单命令 Place|Add Sheet Entry，光标变成十字形。

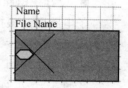

b）将十字光标移到方块图上单击鼠标左键，出现一个浮动的方块电路端口，此端口随光标的移动而移动，如图 1.179 所示。

c）设置方块电路端口属性。按"Tab"键系统，或双击已放置好的端口弹出 Sheet Entry 属性设置对话框，如图 1.180 所示。设置完毕单击 OK 按钮确定。

图 1.179 浮动的方块电路端口图形

【Sheet Entry】属性设置对话框中有关选项含义：

Name：方块电路端口名称。

I/O Type：端口的电气类型。单击图 1.180 中 Input 下拉列表框，出现端口电气类型列表，有 Unspecified 不指定端口的电气类型、Output 输出端口、Input 输入端口、Bidirectional 双向端口。

Side：端口的停靠方向。分为 Left 端口停靠在方块图的左边缘、Right 端口停靠在方块图的右边缘、Top 端口停靠在方块图的顶端、Bottom 端口停靠在方块图的底端。

Style：端口的外形。分为 None 无方向、Left 指向左方、Right 指向右方、Left & Right 双向。

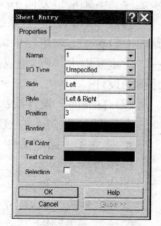

d）此时方块电路端口仍处于浮动状态，并随光标的移动而移动。在合适位置单击鼠标左键，则完成了一个方块电路端口的放置。

图 1.180 Sheet Entry 属性设置对话框

e）系统仍处于放置方块电路端口的状态，重复以上步骤可放置方块电路的其他端口；也可单击鼠标右键，可退出放置状态。

⑥连接各方块电路。在所有的方块电路及端口都放置好以后,用导线(wire)或总线(Bus)进行连接。

⑦编辑已放置好的方块电路图和方块电路端口。

a) 移动方块电路。在方块电路上按住鼠标左键并拖动,可改变方块电路的位置。

b) 改变方块电路的大小。在方块电路上单击鼠标左键,则在方块电路四周出现控制点。用鼠标左键拖动其中的控制点可改变方块电路的大小。

c) 编辑方块电路的属性。用鼠标左键双击方块电路,在弹出的如图 1.178 所示的 Sheet Symbol 属性设置对话框中进行修改。

d) 编辑方块电路名称。用鼠标左键双击方块电路名称在弹出的 Sheet Symbol Name 对话框中进行修改。可以修改方块电路的名称、名称的显示方向、名称的显示颜色、名称的显示字体、名称的显示字号等内容。

e) 编辑方块电路对应的子电路图文件名。用鼠标左键双击子电路图文件名,在弹出的 Sheet Symbol File Name 对话框中进行修改。

f) 修改方块电路中端口的停靠位置。在方块电路的端口上按住鼠标左键并拖动,可改变端口在方块电路上的位置。

g) 编辑方块电路端口的属性。用鼠标左键双击方块电路中已放置好的端口,在弹出的 Sheet Entry 属性设置对话框中进行修改。

■ 设计子电路图

子电路图是根据主电路图中的方块电路,利用有关命令自动建立的,不能用建立新文件的方法建立。操作步骤:

①在主电路图中执行菜单命令 Design|Create Sheet From Symbol,光标变成十字形。

②将十字光标移到方块电路上,单击鼠标左键,系统弹出 Confirm 对话框,如图 1.181 所示,要求用户确认端口的输入/输出方向。如果选择 Yes,则所产生的子电路图中的 I/O 端口方向与主电路图方块电路中端口的方向相反,即输入变成输出、输出变成输入;如果选择 No,则端口方向不反向。

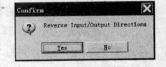

图 1.181　Confirm 对话框

③按下 No 按钮后,系统自动生成、且自动切换到子电路图。从图 1.179 中可以看出,子电路图中包含了方块电路中的所有端口,无需再单独放置 I/O 端口。

④重复以上步骤,生成并绘制所有方块电路对应的子电路图,就完成了一个完整的层次电路图的设计。

(2) 自底向上设计层次原理图

自底向上设计层次原理图的思路是:先绘制各子电路图,再产生对应的方块图。

■ 建立子电路图文件

操作步骤:

①建立一个文件夹。

②在文件夹下面,建立一个新的原理图文件。

③绘制子电路图。

④重复以上步骤,建立所有的子电路图。

■ 根据子电路图产生方块图

操作步骤:

①在文件夹下,新建一个原理图文件,并将文件的扩展名改为. prj。

②打开. prj 文件。

③执行菜单命令 Design|Create Symbol From Sheet,系统弹出 Choose Document to Place 对话框,在对话框中列出了当前目录中所有原理图的文件名。

④选择准备转换为方块电路的原理图文件名,单击 OK 按钮。

⑤系统弹出图 Confirm 对话框,确认端口的输入/输出方向。

⑥光标变成十字形且出现一个浮动的方块电路图形,随光标的移动而移动,如图 1.182 所示。

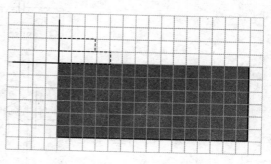

图 1.182　十字形光标上出现一个浮动的方块电路图形

⑦在合适的位置单击鼠标左键,放置好方块电路。在该方块图中已包含所有的 I/O 端口,无需再进行放置。重复以上步骤,放置所有子电路图对应的方块电路。

⑧对已放置好的方块电路进行编辑。

⑨用导线和总线等工具绘制连线,就完成了由子电路图产生方块电路的设计。

1.7.3　实践训练

1) 训练任务

按要求绘制如图 1.183、图 1.184、图 1.185 和图 1.186 所示的电路图。

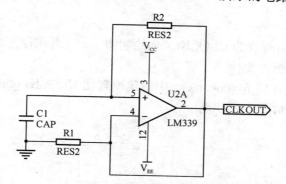

图 1.183　CLOCK. sch

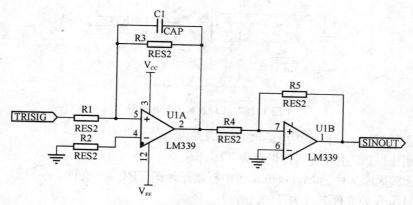

图 1.184　SIN. sch

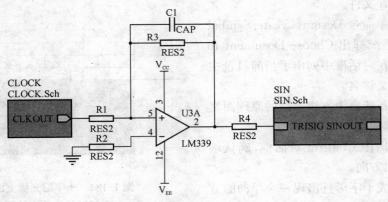

图 1.185   主图 Tri.prj

（1）绘制图 1.183 并保存为 CLOCK.sch，绘制图 1.184 并保存为 SIN.sch。

（2）绘制图 1.185 主原理图并保存为 TRI.prj。

（3）将图 1.186 中电路部分修改成不用方块电路的原理图 P4.sch，再将 3 张原理图合成层次原理总图 Main.prj。

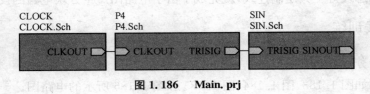

图 1.186   Main.prj

2）步骤指导

（1）绘制图 1.183 并保存为 CLOCK.sch，绘制图 1.184 并保存为 SIN.sch

①新建一个设计数据库文件。

②在设计数据库文件的 Mydocument 中新建原理图 CLOCK.sch 文件。绘制如图 1.183 所示的原理图并保存，如图 1.187 所示。

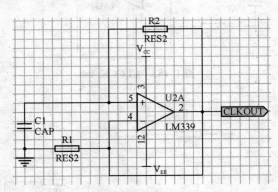

图 1.187   CLOCK.sch 原理图

③同理绘制 SIN.sch 原理图电路，如图 1.188 所示。

（2）绘制图 1.185 主原理图并保存为 TRI.prj

①在设计数据库文件的 Mydocument 中新建原理图 TRI.sch 文件。

②把 TRI.sch 的文件名改为 TRI.prj。

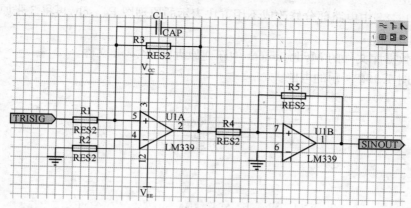

图 1.188　SIN.sch 原理图

③在 TRI.prj 中执行 Design|Create Symbol From Sheet，在弹出的如图 1.189 所示的窗口中选择 CLOCK.sch，单击"OK"，再在弹出的窗口中单击"No"，放置 CLOCK.sch 对应的方块电路。执行 Design|Create Symbol From Sheet 在弹出的如图 1.189 所示的窗口中选择 SIN.sch，单击"OK"，再在弹出的窗口中单击"No"，放置 SIN.sch 对应的方块电路。修改方块电路端口的属性，得到如图 1.190 所示电路。

④绘制电路的其他部分，得到如图 1.191 所示的电路。

图 1.189　Choose Document to Place 窗口

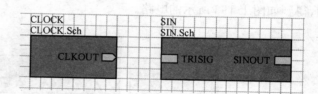

图 1.190　放置好方块的电路

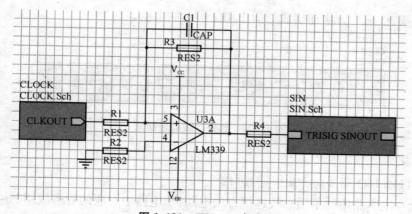

图 1.191　TRI.prj 电路图

（3）将图 1.185 中电路部分修改成不用方块表示的原理图 P4.sch，再将 3 张原理图合成层次原理总图 Main.prj：

①在设计数据库文件的 Mydocument 中新建原理图 P4.sch 文件。

②绘制如图 1.192 所示的电路。

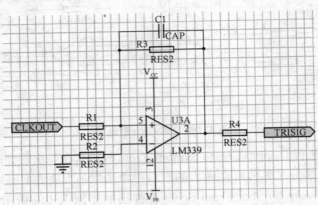

图 1.192　P4.sch 电路

③在设计数据库文件的 Mydocument 中新建原理图 Main.prj 文件。

④在 Main.PRJ 中执行 Design|Create Symbol From Sheet，在弹出的如图 1.189 所示的窗口中选择 CLOCK.sch，单击"OK"，再在弹出的窗口中单击"No"，放置 CLOCK.sch 对应的方块电路。执行 Design|Create Symbol From Sheet，在弹出的如图 1.189 所示的窗口中选择 SIN.sch，单击"OK"，再在弹出的窗口中单击"No"，放置 SIN.sch 对应的方块电路。执行 Design|Create Symbol From Sheet，在弹出的如图 1.189 所示的窗口中选择 P4.sch，单击"OK"，再在弹出的窗口中单击"No"，放置 P4.sch 对应的方块电路。修改方块电路端口的属性，得到如图 1.193 所示的电路。

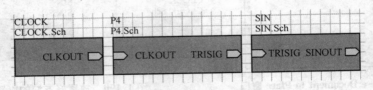

图 1.193　放好三个方块的电路图

⑤放置导线，把三个方块连接成如图 1.194 所示的电路。

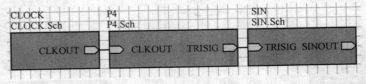

图 1.194　放好导线的电路图

3）重点提示

（1）注意区别 I/O 端口与方块电路端口。

（2）在 .prj 主电路中如果用总线连接方块电路，子电路中对应的管脚应用网络标号来实现具体的电气连接。

4）训练体会

5）结果考核

6）思考练习

绘制如图1.195所示的主电路图 mian. prj 和如图1.196所示的子电路图 dianyuan. sch，无件明细见表1.7。

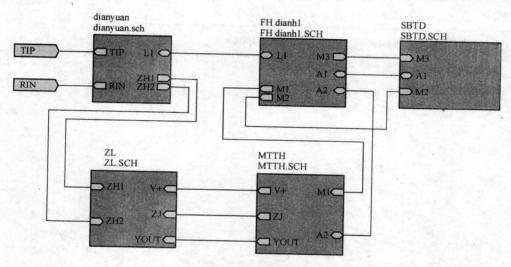

图1.195 主电路图

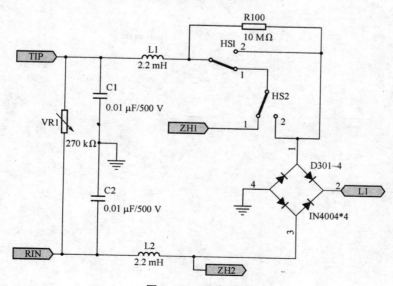

图1.196 子电路图

表 1.7　元件明细表

Lib Ref	Designator	Part Type	lib
CAP	C1	0.01 μF/500 V	
CAP	C2	0.01 μF/500 V	
RES2	R100	100 MΩ	
RES4	VR1	270 kΩ	
INDUCTOR	L1	2.2 mH	Miscellaneous Devices. ddb
INDUCTOR	C2	2.2 mH	
SW SPDT	HS1	HS1	
SW SPDT	HS2	HS2	
BRIDGE1	D301~4	IN4004 * 4	

2　制作元器件与元件库

在原理图编辑过程中,可能会遇到下列几种情况:

(1) 在 Protel 99 SE 元件库文件中找不到所需元件。

(2) 元件符号不符合要求。

(3) 元件符号库内引脚编号与 PCB 封装库内元件引脚编号不一致。

(4) 元件电气图形号尺寸偏大,如引脚太长、占用图纸面积多,不利于绘制元件数目多的原理图。

这时需要修改已有元件的元件符号或创建新元件符号,Protel 99 SE 提供了一个功能强大的创建原理图元件的工具——原理图元件库编辑器。利用元件库编辑器可以制作编辑元器件与元件库。

2.1　元件库编辑器

2.1.1　知识点

元件库编辑器的功能;元器件绘图工具。

2.1.2　知识点分析

1) 元件库文件的建立及元件库编辑器的打开

(1) 元件库文件的建立

第一种方法(以将文件建在 Documents 文件夹下为例):

①打开一个设计数据库文件。

②在右边的视图窗口中打开 Documents 文件夹。

③在窗口的空白处单击鼠标右键,在弹出的快捷菜单中选择 New,系统弹出 New Document 对话框。

④在如图 2.1 所示的 New Document 对话框中选择 Schematic Library Document 图标。

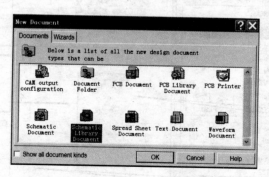

图 2.1　New Document 对话框

⑤单击"OK"按钮。建立一个扩展名为. lib 元件库文件。

第二种方法：

①、②步骤同上。

③执行菜单命令 File|New，系统弹出 New Document 对话框。

④以后步骤同上。

（2）元件库编辑器的打开

打开元件库文件就进入了元件库编辑器。一般来说，扩展名为. lib 的元件库文件同原理图文件一样都保存在扩展名为. ddb 的设计数据库文件中，因此打开元件库编辑器首先要打开包含元件库文件的设计数据库文件。

下面以打开 Protel DOS Schematic Libraries. ddb 中的 Protel DOS Schematic TTL. lib 为例说明如何打开元件库编辑器。

第一种方法：

①进入 Protel 99 SE 系统。

②在主工具栏中单击 图标，按文件的存放路径找到该文件，选中文件 Protel DOS Schematic Libraries. ddb，单击打开按钮（或双击文件名）。

③单击左边设计管理器窗口导航树中的具体元件库文件图标，如 Protel DOS Schematic TTL. lib，打开一个具体的元件库文件。

第二种方法：

在资源管理器中双击 Protel DOS Schematic Libraries. ddb 文件名，以后步骤同第一种方法的第③步。

2）元件库编辑器的介绍

打开元件编辑器可得到如图 2.2 所示的界面。元件库编辑器的界面与原理图编辑器界面相似，包含菜单栏、主工具栏、元件管理器、浮动工具栏、编辑区等，其中编辑区分为四个象限，绘制元件应在第四象限原点附近进行。

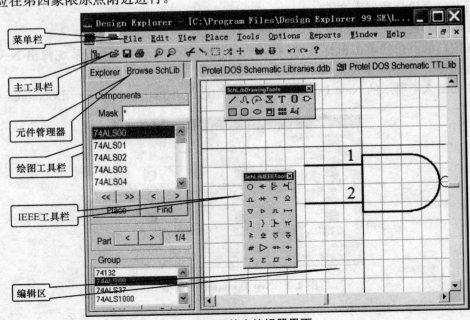

图 2.2　元件库编辑器界面

（1）元件管理器

元件管理器又称元件库浏览器，由 Components 区、Group 区、Pins 区等组成。

①Components 区

【Components】区域的主要功能是查找、选择及使用元件，如图 2.3 所示。其中：

Mask 文本框：元件过滤，可以通过设置过滤条件过滤掉不需要显示的元件。在设置过滤条件中，可以使用通配符"＊"和"？"。当文本框中输入"＊"时，文本框下方的元件列表中显示元件库中的所有元件。

 按钮：选择元件库中的第一个元件，对应菜单命令 Tools|First Component。单击此按钮，系统在元件列表中自动选择第一个元件，且编辑窗口同时显示这个元件的图形。

 按钮：选择元件库中的最后一个元件，对应菜单命令 Tools|Last Component。

图 2.3　Components 区域

图 2.4　Group 区域

 按钮：选择元件库中的前一个元件，对应菜单命令 Tools|Prev Component。

 按钮：选择元件库中的后一个元件，对应菜单命令 Tools|Next Component。

Place 按钮：将选定的元件放置到打开的原理图文件中。单击此按钮，系统自动切换到已打开的原理图文件，且该元件处于放置状态，随光标的移动而移动。

Find 按钮：查找元件。

【Part】区域

 按钮：选择复合式元件的下一个单元。如图 2.3 中选择了元件 74ALS00，Part 区域显示为 1/4，表示该元件中共有 4 个单元，当前显示的是第一单元。单击  按钮，则 1/4 变为 2/4，表明当前显示的是第二单元。各单元的图形完全一样，只是引脚号不同。

 按钮：选择复合式元件的上一个单元。

②Group 区

Group 区域的功能是查找、选择元件集。所谓元件集，即物理外形、引脚、逻辑功能均相同，只是元件名称不同的一组元件，如图 2.4 所示。

如在图 2.4 中选择了 74ALS00，则在 Group 区域中所列出的元件均与 74ALS00 有相同的外形。

Add 按钮：在元件集中增加一个新元件。单击 Add 按钮，系统弹出 New Component Name 对话框，如图 2.5 所示。图 2.5 中的元件名是系统默认的新元件的元件名，可以进行修改。单击"OK"按钮，则该元件同时加入到元件列表和元件集中。新增加的元件除了元件名不同外，与元件集内的所有已有元件外形完全相同。对名称不同但外形相同的元件采用这种分组管理方法大大减少了存储空间。

Del 按钮:删除元件集内的元件名称。当最后一个名称从集中删除时该元件将从元件库中删除。

Description 按钮:对所选元件的描述。

Update Schematics 按钮:更新原理图。如果在元件库中编辑修改了元件符号的图形,单击此按钮,系统将自动更新打开的原理图中放置的对应元器件。

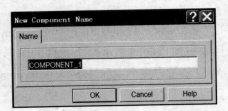

图 2.5　New Component Name 对话框

图 2.6　Pins 区

【Pins】区

所选元件的引脚列表,如图 2.6 所示。

Sort by Names:选中时元件的管脚以管脚名称排序列表,否则以管脚序号排序列表。

Hidden Pins:选中时显示被隐藏的管脚,否则不显示隐藏的管脚。

【Mode】区

元件的模式选择。

Normal:正常模式。

De-Morgan:狄·摩根模式。

IEEE:国际电气与电子工程师协会模式。

(2) 菜单栏

元器件管理器的菜单栏与原理图编辑器的菜单栏相似的部分不再赘述,下面重点介绍 Tools 菜单,如表 2.1 所示。

表 2.1　Tools 菜单

菜　单	功　能
New Component	建立元件
Remove Component	删除元件管理器中选择的元件
Rename Component	修改元件管理器中选择的元件
Remove Component Name	删除元件管理器中指定元件组的元件名
Add Component Name	向元件组中添加元件
Copy Component	复制元件管理器中选择的元件
Move Component	将元件管理器的元件移动到指定的元件库中
New Part	向多元件芯片中添加元件
Remove Part	删除多元件芯片中的元件

（续表 2.1）

菜 单	功 能
Next Part	切换到多元件芯片中的下一个元件
Prev Part	切换到多元件芯片中的前一个元件
Next Component	切换到下一个元件
Prev Component	切换到前一个元件
First Component	切换到第一个元件
Last Component	切换到最后一个元件
Show Normal	以 Normal 模式显示元件
Show De-Morgan	以 Show De-Morgan 模式显示元件
Show IEEE	以 IEEE 模式显示元件
Find Component	查找元件
Description	输入元件文字描述
Remove Duplicates	删除元件库中的重复元件名
Update Schematics	更新原理图中的元件

3）浮动工具栏介绍

在元件库管理器中有两个浮动工具栏：SchLib Drawing Tools 绘图工具栏和 IEEE 符号工具栏。

（1）SchLib Drawing Tools 绘图工具栏

用来绘制元件的图形和放置元件的管脚，如图 2.7 所示，具体功能如表 2.2 所示。

图 2.7 SchLib Drawing Tools 绘图工具栏

表 2.2 SchLib Drawing Tools 绘图工具栏功能

按 钮	功 能
/	画直线，对应于菜单命令 Place|Line
∿	画曲线，对应于菜单命令 Place|Beziers
⌒	画椭圆曲线，对应于菜单命令 Place|Elliptical Arcs
⊠	画多边形，对应于菜单命令 Place|Polygons
T	文字标注，对应于菜单命令 Place|Text
▯	新建元件，对应于菜单命令 Tools|New Component
▷	添加复合式元件的新单元，对应于菜单命令 Tools|New Part

按　钮	功　能
▢	绘制直角矩形，对应于菜单命令 Place|Rectangle
▢	绘制圆角矩形，对应于菜单命令 Place|Round Rectangle
⬯	绘制椭圆，对应于菜单命令 Place|Ellipses
▣	插入图片，对应于菜单命令 Place|Graphic
▦	将剪贴板的内容阵列粘贴，对应于菜单命令 Edit|Paste Array
⊐	放置引脚，对应于菜单命令 Place|Pins

（2）IEEE 符号工具栏

用来放置有关的工程符号，如图 2.8 所示，具体功能如表 2.3 所示。

图 2.8　IEEE 符号工具栏

表 2.3　IEEE 符号工具栏功能

按　钮	功　能
○	放置低态触发符号，即反向符号。对应于菜单命令 Dot
←	放置信号左向流动符号。对应于菜单命令 Right Left Signal Flow
⟫	放置上升沿触发时钟脉冲符号。对应于菜单命令 Clock
⊣	放置低态触发输入信号，即当输入为低电平时有效。对应于菜单命令 Active Low Input
⌓	放置模拟信号输入符号。对应于菜单命令 Analog Signal In
✳	放置无逻辑性连接符号。对应于菜单命令 Not Logic Connection
⌐	放置具有延迟输出特性的符号。对应于菜单命令 Postponed Output
⬦	放置集电极开路符号。对应于菜单命令 Open Collector
▽	放置高阻态符号。对应于菜单命令 HiZ
▷	放置具有大输出电流的符号。对应于菜单命令 High Current
⊓	放置脉冲符号。对应于菜单命令 Pulse
⊢⊣	放置延迟符号。对应于菜单命令 Delay

（续表 2.3）

按 钮	功 能
]	放置多条输入和输出线的组合符号。对应于菜单命令 Group Line
}	放置多位二进制符号。对应于菜单命令 Group Binary
⊢	放置输出低电平有效符号。对应于菜单命令 Active Low Output
π	放置 Ⅱ 符号。对应于菜单命令 Pi Symbol
≥	放置小于等于符号。对应于菜单命令 Greater Equal
⏚	放置具有上拉电阻的集电极开路符号。对应于菜单命令 Open Collector Pull Up
◇	放置发射极开路符号。对应于菜单命令 Open Emitter
⧄	放置具有下拉电阻的射极开路符号。对应于菜单命令 Open Emitter Pull Up
#	放置数字输入信号符号。对应于菜单命令 Digital Signal In
▷	放置反相器符号。对应于菜单命令 Invertor
◁▷	放置双向输入/输出符号。对应于菜单命令 Input Output
←	放置左移符号。对应于菜单命令 Shift Left
≤	放置小于等于符号。对应于菜单命令 Less Equal
Σ	放置求和符号。对应于菜单命令 Sigma
⊐	放置具有施密特功能的符号。对应于菜单命令 Schmitt
→	放置右移符号。对应于菜单命令 Shift Right

2.1.3 实践训练

1）训练任务

（1）打开 Miscellaneous. ddb 中的 Miscellaneous Devices. lib 元件库文件。通过元件管理器在编辑区浏览库中的元件。

（2）新建 MyLib. ddb 文件，在 MyLib. ddb 中新建一个 MyLib. lib 元件库文件，打开该文件，在 COMPONENT_1 元件编辑区内放置如图 2.9 所示对象。

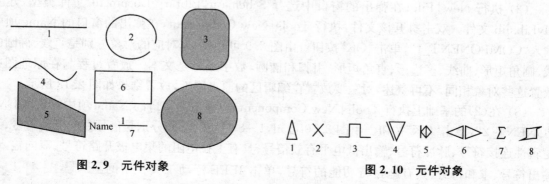

图 2.9　元件对象　　　　　　　　　　图 2.10　元件对象

（3）在 MyLib. lib 中的 COMPONENT_2 元件编辑区内放置如图 2.10 所示对象。

2) 步骤指导

(1) 双击 Protel 99 SE 图标，打开 Protel 99 SE 软件，执行 File|Open 菜单命令，在弹出的 Open Design Database 窗口的"查找范围"项内找到 Miscellaneous.ddb 所在的文件夹，如图 2.11所示。并选择其中的 Miscellaneous.ddb 文件，单击"打开"按钮，即打开了 Miscellaneous. lib 元件库文件，如图 2.12 所示。

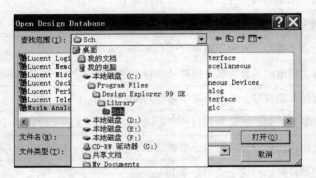

图 2.11　Open Design Database 窗口

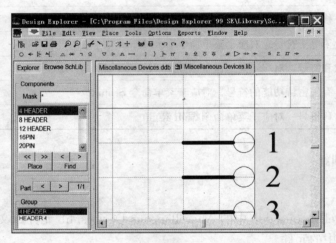

图 2.12　打开 Miscellaneous.lib 元件库文件

通过单击 `<<` `>>` `<` `>` 命令按钮，在编辑区浏览库中的所有元件。

(2) 执行 New|File，在弹出的窗口中选择 Schematic Library Document 文件类型，建立 MyLib.lib 文件。双击打开该文件，执行 Tools|New Component，在弹出的窗口的 Name 项中输入"COMPONENT_1"，单击"OK"按钮。由图 2.9 可知 1～8 对应的对象分别是直线、椭圆曲线、圆角矩形、曲线、多边形、直角矩形、引脚和椭圆，数字编号是文本。放置过程与在原理图中放置这些对象相同，不再赘述，对象要放置在编辑区的原点附近，放置结果如图 2.13 所示。

(3) 在(2)的基础上执行 Tools|New Component，在弹出的窗口的 Name 项中输入"COM-PONENT_2"，单击"OK"按钮。由图 2.10 可知，1～8 对应的符号分别是信号左向流动符号、无逻辑性连接符号、脉冲符号、输出低电平有效信号、具有上拉电阻的集电极开路符号、双向输入/输出符号、求和符号、具有施密特功能的符号，单击 IEEE 浮动工具栏中的 `←`、`*`、`⊓`、`⊢`、`⏚`、`◁▷`、`Σ`、`⊓`，在编辑区放置这些符号，数字编号是文本。放置结果如图 2.14 所示。

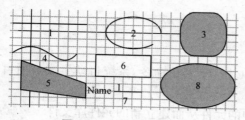

图 2.13　放置后的结果

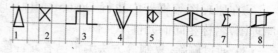

图 2.14　放置后的结果

3）重点提示

（1）比较元件管理器"Group"列出的元件与"Components"列出的元件的不同。

（2）比较元件管理器"Group"中的"Add"与菜单命令 Tools|New Component 的功能不同。

4）训练体会

_____

_____

_____

_____

_____。

5）结果考核

_____。

6）思考练习

（1）试比较原理图库编辑器和原理图编辑器绘图工具栏的异同。

（2）试用浮动工具栏中的工具命令。

2.2　元件库文件与元件的创建和编辑

2.2.1　知识点

元件库文件的创建与编辑；元件的创建与编辑；元器件报表的生成。

2.2.2　知识点分析

1）元件库文件的创建与编辑

元件库文件的创建与编辑有下列几种情况：

第一种：新建元件库文件。

第二种：由原理图生成元件库文件。

第三种：通过删除、复制等方法编辑已有元件库文件中的元件从而建立新的元件库文件。

（1）新建元件库文件

在 2.1 节中已经介绍，不再赘述。

（2）从项目（原理图）中生成元件库文件

也就是在项目（原理图）中生成项目元器件库，一般来说，此时项目（原理图）已经绘制完成，需要把其中的所有元件放置到一个库文件中统一管理。

步骤：

①打开项目（原理图）图文件。

②在原理图编辑器中执行 Design|Make Project Library 菜单命令，系统自动生成与项目（原理图）名称相同的元件库文件。

（3）通过删除、复制等方法编辑已有元件库文件中的元件从而建立新的元件库文件

步骤：

①打开某个已有的元件库文件。

②执行 File|Open 命令打开其他的元件库文件。

③在①中打开的元件库文件中执行删除、复制等编辑方法，更改元件，形成新的元件库文件。

2）元件的创建与编辑

元件的创建与编辑有下列几种情况：

第一种：创建新元件。

第二种：从其他库中复制相似的元件并编辑形成新的元件。

第三种：对原理图中的元件进行编辑。

（1）创建新元件

步骤：

①打开元件库文件进入元件库编辑器，如图 2.15 所示。

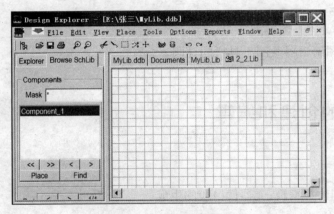

图 2.15　元件库编辑器

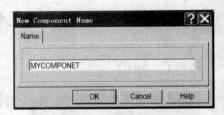

图 2.16　元件命名

②执行 Tools|New Component，在弹出的窗口的 Name 项中给新建的元件命名，如图 2.16 所示。单击"OK"按钮。

③在编辑区的第四象限原点附近用浮动工具栏的工具绘制元件的外形。以电阻为例，如图 2.17 所示。

④放置元件的管脚并设置管脚的属性。单击空格键改变管脚的方向，使元件管脚有小黑点的一段向外，如图 2.18 所示。在放置管脚时单击"Tab"键，可打开管脚的属性设置窗口，也可以先放置好引脚，再双击左键打开，如图 2.19 所示。

【Properties】属性设置窗口中各选项含义：

Name：引脚名。如数码管中的 A、B、C 等。

Number：引脚号。每个引脚都必须有，如 1、2、3 等。

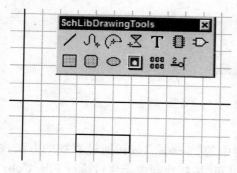

图 2.17 元件外形

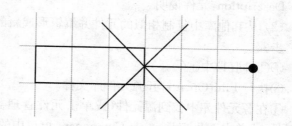

图 2.18 放置元件的管脚

X-Location、Y-Location：引脚的位置。

Orientation：引脚的方向。共有 0 Degrees、90 Degrees、180 Degrees、270 Degrees 四个方向。

Color：引脚的颜色。

Dot Symbol：引脚具有反向标志。

Clk Symbol：引脚具有时钟标志。

Electrical：引脚的电气性质。其中，Input 输入引脚、I/O 输入/输出双向引脚、Output 输出引脚、Open Collector 集电极开路引脚、Passive无源引脚（如电阻电容的引脚）、HiZ 高阻态引脚、Open Emitter射极输出、Power 电源（如 V_{CC} 和 GND）。

Hidden：引脚隐藏。

Show Name：显示引脚名。

Show Number：显示引脚号。

Pin：引脚的长度。

Selection：选中引脚。

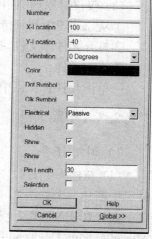

图 2.19 管脚属性窗口

⑤单击元件管理器中的 Description... 按钮，弹出 Component Text Fields 窗口，如图 2.20 所示。设置好各项后，单击"OK"按钮。

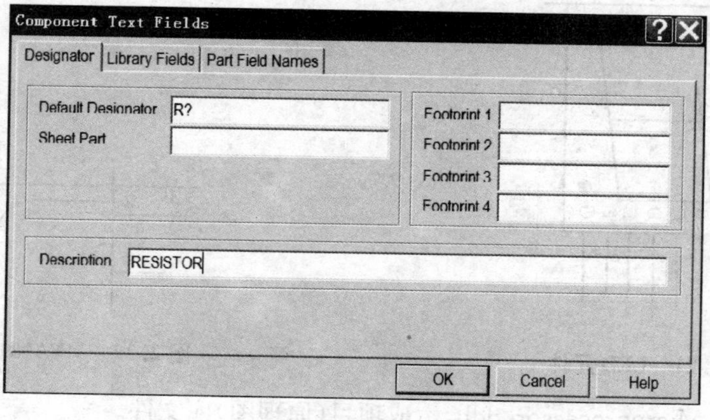

图 2.20 Component Text Fields 窗口

其中：

Default Designator：元件的默认标号。

Sheet Part：图纸元件的文件名。

Footprint：元件封装。

Description：元件说明。

（2）从其他库中复制相似的元件并编辑形成新的元件

步骤：

①②：同（1）中①②。

③执行 File|Open 打开源元件库文件。

④在源元件库中找到源元件（或单击元件管理器中的 Find 按钮通过查找的方法找到源元件，或单击 File Schematic Component 窗口中的 Edit 按钮找到源元件），执行 File|Copy 命令，复制元件。

⑤切换到目的元件的编辑区，执行 Edit|Paste 命令，粘贴源元件。

⑥修改元件。

（3）仅仅对原理图中的元件进行编辑

①从原理图中找到待编辑的元件，明确其在元件库中的名称和所在库的名称。

②打开元件库文件，找到该元件。

③修改元件。

④单击元件管理器中的 Update Schematics 按钮，更新原理图中的元件。

2.2.3　实践训练

1）训练任务

（1）新建一个 LX2_2.ddb 文件，在 LX2_2.ddb 中新建一个 LX2_2.lib 元件库文件，在该文件库中新建一个如图 2.21 所示的元件，名称为 MYLED。

（2）在 LX2_2.lib 中新建一个 MYAND 元件，通过查找的方法在 Protel 99 SE 中的 Miscellaneous Devices.lib 元件库中复制 AND 元件得到，并创建一个子件，如图 2.22 所示。

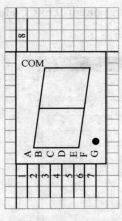

图 2.21　LED 元件

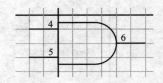

图 2.22　MYAND 的子件

（3）打开 Z80 Microprocessor.ddb，生成项目（原理图）库文件。

2）步骤指导

（1）打开 Protel 99 SE，执行 File|New Design 命令，新建一个 LX2_2.ddb 文件。打开 LX2_2.ddb，执行 File|New Documents 命令，新建 LX2_2.lib。打开 LX2_2.lib 进入元件库文

件编辑器,按以下步骤创建元件。

①单击工具栏中的 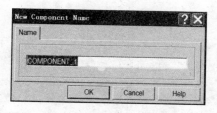 按钮,或执行菜单命令 Tools|New Component,系统弹出 New Component Name 对话框,如图 2.23 所示。

图 2.23 **New Component Name** 对话框

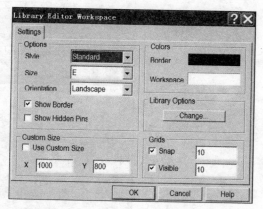

图 2.24 **Library Editor Workspace** 对话框

②对话框中的 COMPONENT_1 是新建元件的默认元件名,将其改为 MYLED 后单击 "OK"按钮,屏幕出现一个新的带有十字坐标的画面。

③设置栅格尺寸。执行菜单命令 Options|Document Options,系统弹出 Library Editor Workspace 对话框,如图 2.24 所示。将 Snap 文本框中的 10 改为 5,其他设置采用默认设置。

④按 Page Up 键放大屏幕,直到屏幕上出现栅格。

⑤单击工具栏上的 ▢ 按钮,在十字坐标第四象限靠近中心的位置,绘制元件外形,尺寸为 8 格×10 格。

⑥单击工具栏上的 ╱ 按钮,绘制"日"字。

⑦单击工具栏上的 ◯ 按钮,绘制小数点。绘制成一个圆后,双击此圆,在弹出的属性设置对话框中将 X-Radius 和 Y-Radius 中的数值均设置为 3(即小数点的半径)。

⑧放置引脚。单击工具栏中的 ▨ 按钮,按 Tab 键系统弹出 Pin 属性设置对话框,如图2.19 所示。按图 2.21 设置好元件的管脚属性。先放置好引脚,再双击它也可弹出 Pin 属性设置对话框。

⑨将第 8 引脚的引脚名 COM 设置为隐藏。单击工具栏上的 **T** 图标,按 Tab 键后在弹出的 Annotation 对话框的 Text 文本框中输入 COM,而后将此字符串放置在如图 2.21 所示的位置。

⑩定义元件属性。执行菜单命令 Tools|Description,系统弹出 Component Text Fields 对话框,在对话框中设置 Default Designator:L?(元件默认编号)。单击主工具栏上的保存按钮,保存该元件。

(2) ①打开 LX2_2.lib 元件库文件,执行菜单命令 Tools|New Component,新建 MYAND 元件。

②单击元件管理器中的 Find 按钮,将弹出窗口的 Find 项按图 2.25 设置,再单击 "Find Now"按钮,得到如图 2.25 所示的搜索结果。

③单击 Edit 按钮,进入 AND 元件的编辑区。

④执行 Edit|Select|All 命令,再执行 Edit|Copy 命令,复制 AND 元件。

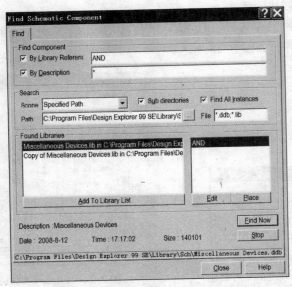

图 2.25　**Find Schmetic Component 对话框**

⑤切换到 LX2_2. lib 文件，执行 Edit|Paste 命令，把 AND 元件粘贴到 MYAND 的编辑区。

⑥执行 Tools|New Part 命令，再执行 Edit|Paste 命令，把 AND 元件粘贴到 MYAND 子件的编辑区，如图 2.26 所示。

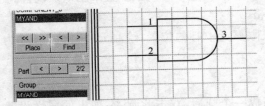

图 2.26　**MYAND 子件的编辑区**

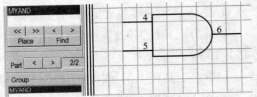

图 2.27　**MYAND 的子件**

⑦分别双击 1、2 和 3 三个管脚，在属性设置窗口把管脚序号改为 4、5 和 6，得到如图 2.27 所示元件。

（3）打开 Z80 Microprocessor. ddb 文件中的 Z80 Microprocessor. Prj 文件，执行 Design|Make Project Library 菜单命令，自动生成项目（原理图）库文件，如图 2.28 所示。

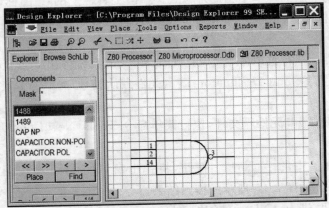

图 2.28　**生成的 Z80 Microprocessor. Lib 元件库文件**

3）重点提示

（1）在绘制元件的外形和放置元件的管脚时，可以执行 Options | Document Options 打开 Library Editor Workspace，以便设置大小合适的栅格。

（2）在不同元件库文件内复制、粘贴元件时，一定要在 Protel 99 SE 的同一个设计桌面上进行。

4）训练体会

5）结果考核

6）思考练习

（1）利用 Protel DOS Schematic Libraries. ddb 中的 555 元件绘制自己的 555_1 元件符号，如图 2.29 所示。

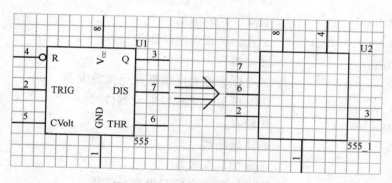

图 2.29　555 与 555_1 元件符号

（2）绘制如图 2.30 所示的与非门符号。

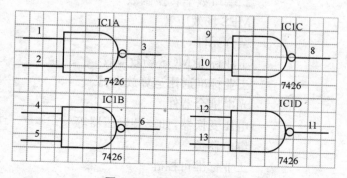

图 2.30　7426 与非门符号

3 电路仿真分析

在电路设计过程中,完成原理图设计之后还需要对电路功能和性能等指标进行测试,来验证电路是否到达设计的初衷。传统搭接电路的方法工作量大,成本高;Protel 99 SE 提供的电路仿真功能可以在绘制完原理图后对电路进行仿真分析,大大提高了电路设计的质量和可靠性,降低了开发的费用,减轻了电路设计者的劳动强度。

3.1.1 知识点

仿真元件库和元件;仿真的分析方式;仿真的操作步骤。

3.1.2 知识点分析

1) 仿真元件库和元件

(1) 仿真元件库

在 Protel 99 SE 中,原理图仿真分析元件存放在 Design Explorer 99\Library\SCH\Sim.ddb 仿真分析用元件库文件包内,5 800 多个元器件分类存放在如下元件库(.lib)文件中:

74XX. lib	74 系列 TTL 数字集成电路
7SEGDISP. lib	七段数码显示器
BJT. lib	工业标准双极型晶体管
BUFFER. lib	缓冲器
CAMP. lib	工业标准电流反馈高速运算放大器
CMOS. lib	CMOS 数字集成电路元器件
Comparator. lib	比较器
Crystal. lib	晶体振荡器
Diode. lib	工业标准二极管
IGBT. lib	工业标准绝缘栅双极型晶体管
JFET. lib	工业标准结型场效应管
MATH. lib	二端口数学转换函数
MESFET. lib	MES 场效应管
Misc. lib	杂合元件
MOSFET. lib	工业标准 MOS 场效应管
OpAmp. lib	工业标准通用运算放大器
OPTO. lib	光电耦合器件
Regulator. lib	电压变换器,如三端稳压器等
Relay. lib	继电器类
SCR. lib	工业标准可控硅
Simulation Symbols. lib	仿真测试用符号元件库
Switch. lib	开关元件

Timer. lib	555 及 556 定时器
Transformer. lib	变压器
TransLine. lib	传输线
TRIAC. lib	工业标准双向可控硅
TUBE. lib	电子管
UJT. lib	工业标准单结管

（2）常用分立元件

原理图仿真分析中所用的分立元件，如电阻、电容、电感等均取自 Simulation Symbols. lib 元件库文件内，常用分立元件有：电阻器、电容器、电感器、保险丝、变压器、继电器、晶体振荡器、二极管、三极管、结型场效应管、MOS 场效应管、可控硅及双向可控硅、运算放大器、比较器、TTL 及 CMOS 数字集成电路、节点电压初始值(. IC)和节点电压设置(. NS)等。

（3）仿真信号源

在电路仿真过程中需要各种各样的激励源，这些激励源也取自 Sim. ddb 数据库文件包的 Simulation Symbols. lib 元件库文件中，包括直流电压激励源 VSRC 与直流电流激励源 ISRC、正弦波电压激励源 VSIN 与正弦波电流激励源 ISIN、周期性脉冲信号激励源 VPULSE 与 IPULSE、分段线性激励源 VPWL 与 IPWL 等。

①直流电压激励源 VSRC 与直流电流激励源 ISRC

这两种激励源作为仿真电路工作电源，在属性设置窗口内，只需指定序号（Designator，如 V_{DD}、V_{SS} 等）及大小（Part Type，如 5、12 等）。

②正弦波信号激励源（Sinusoid Waveform）

正弦波信号激励源在电路仿真分析中常作为瞬态分析、交流小分析的信号源。执行菜单命令"Simulate\Source"，选择 Sine Wave 类型的激励源即可。

③脉冲激励源（Pulse）

脉冲激励源在瞬态分析中用得比较多。放置脉冲激励源的方法是：执行菜单命令"Simulate\Source"，在弹出的子菜单内选择 Pulse 类型的激励源。

④分段线性激励源 VPWL 与 IPWL（Piece Wise Linear）

分段线性激励源的波形由几条直线段组成，是非周期信号的激励源。为了描述这种激励源的波形特征，需给出线段各转折点时间—电压（或电流）坐标（对于 VPWL 信号源来说，转折点坐标由"时间/电压"构成；对于 IPWL 信号源来说，转折点坐标由"时间/电流"构成）。

⑤调频波激励源 VSFFM（电压调频波）和 ISFFM（电流调频波）

调频波激励源是高频电路仿真分析中常用到的激励源，位于 Sim. ddb 数据库文件包的 Simulation Symbols. lib 元件库文件中。

2）仿真分析方式

（1）工作点分析（Operating Point Analyses）

在进行工作点分析时，仿真程序将电路中的电感元件视为短路，电容视为开路，然后计算出电路中各节点对地电压、各支路（每一元件）电流。

（2）瞬态特性分析（Transient Analysis）与傅立叶分析（Fourier Analysis）

Transient Analysis 属于时域分析，用于获得节点电压、支路电流或元件功率等信号的瞬时值，即信号随时间变化的瞬态关系，相当于在示波器上直接观察信号的波形，因此 Transient Analysis 是一种最基本、最常用的仿真分析方式。

（3）参数扫描分析（Parameter Sweep Analysis）

参数扫描分析用于研究电路中某一元器件参数变化时，对电路性能的影响，常用于确定电路中某些关键元件参数的取值。在进行瞬态特性分析、交流小信号分析或直流传输特性分析时，同时启动参数扫描分析，即可非常迅速、直观地了解到电路中特定元件参数变化时，对电路性能的影响。

（4）交流小信号分析（AC Small Signal Analysis）

AC 小信号分析用于获得电路中如放大器、滤波器等的频率特性。一般来说，电路中的器件参数，如三极管共发射极电流放大倍数 β 并不是常数，而是随着工作频率的升高而下降。

（5）阻抗特性分析（Impedance Plot Analysis）

Protel 99 仿真程序具有阻抗特性分析功能，只是不单独列出，而是放在 AC 小信号分析中，即在 AC 小信号波形窗口内选择激励源阻抗，如 $V_{in}(z)$、$V_{CC}(z)$ 等作为观察对象，可得到电路的输入、输出阻抗曲线。

（6）直流扫描分析（DC Sweep Analysis）

直流扫描分析（DC Sweep）方法是在指定范围内，输入信号源电压变化时，进行一系列的工作点分析，以获得直流传输特性曲线。常用于获取运算放大器、TTL、CMOS 等电路的直流传输特性曲线，以确定输入信号的最大范围和噪声容限。直流扫描分析也常用于获取场效应管的转移特性曲线，但不适用于获取阻容耦合放大器的输入/输出特性曲线。

（7）温度扫描分析（Temperature Sweep Analysis）

一般说来，电路中元器件的参数随环境温度的变化而变化，因此温度变化最终会影响电路的性能指标。温度扫描分析就是模拟环境温度变化时电路性能指标的变化情况，因此也是一种常用的仿真方式。在瞬态分析、直流传输特性分析、交流小信号分析时，启用温度扫描分析可获得电路中有关性能指标随温度变化的情况。

（8）传输函数分析（Transfer Function Analysis）

传输函数分析用于获得模拟电路直流输入电阻、直流输出电阻以及电路的直流增益等。

（9）噪声分析（Noise Analysis）

电路中每个元器件在工作时都要产生噪声，由于电容、电感等电抗元件的存在，不同频率范围内，噪声大小不同。

3）仿真操作步骤

（1）编辑原理图

利用原理图编辑器（Schematic Edit）编辑仿真分析原理图。在编辑原理图过程中，除了导线、电源符号、接地符号外，原理图中所有元件均要取自 Sim. ddb 的相应元件库文件（. lib），否则仿真时会因找不到元件参数（如三极管的放大倍数、CE 结反向漏电流）而给出错误提示并终止仿真过程。

（2）放置仿真激励源（包括直流电压源）

在仿真测试电路中，必须包含至少一个仿真激励源。仿真激励源虽被视为一个特殊的元件，但放置、属性设置、位置编辑等操作方法与一般元件（如电阻、电容等）完全相同。仿真激励源电气图形符号位于 Sim. ddb 的 Simulation Symbols. lib 元件库文件中。

（3）放置节点网络标号

在需要观察电压波形的节点上，应放置节点网络标号，这是因为 Protel 99 仿真程序只能自动检测支路电流、元件阻抗，而不能检测节点电压。

（4）选择仿真方式并设置仿真参数

在原理图编辑窗口内，单击"Simulate"菜单下的"Setup…"命令（或直接单击主工具栏内的"仿真设置"工具）弹出"Analysis Setup"仿真设置窗口，选择仿真方式及仿真参数。

（5）执行仿真操作

在原理图编辑窗口内，单击"Simulate"菜单下的"Run"命令（或直接单击主工具栏内的"执行仿真"工具）启动仿真过程，等待一段时间后即可在屏幕上看到仿真结果。

（6）观察仿真结果

仿真操作结束后，系统自动启动波形编辑器并显示仿真数据文件（.sdf）的内容（或在"设计文件管理器"窗口内，单击对应的.sdf 文件）。在波形编辑器窗口内，可观察仿真结果；若不满意，可修改仿真参数或元件参数后，再执行仿真操作。

（7）保存或打印仿真波形

仿真结果除了保存在.sdf 文件中外，还可以在打印机上打印出来。

3.1.3　实践训练

1）训练任务

绘制如图 3.1 所示的电路图，并进行工作点分析、瞬态特性分析、交流小信号分析、以 R6 为变量的参数扫描分析。

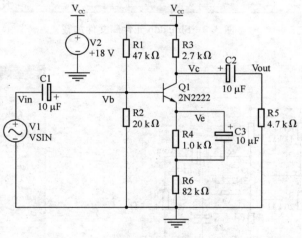

图 3.1　电路图

2）过程指导

（1）新建.ddb 文件，并在.ddb 中新建原理图文件。

（2）加载 Sim.ddb 元件库文件，如图 3.2 所示。

（3）取仿真元件库中的元件按图 3.1 绘制原理图，如图 3.3 所示。其中 V1 的仿真参数按图 3.4 设置，Vin、Vb、Vc、Ve 和 Vout 是网络标号。

（4）工作点分析：执行 Simulate|Setup 菜单命令，弹出的 Analyses Setup 对话框中的参数按图 3.5 设置；单击"Run Analyses"命令按钮进行工作点分析，结果如图 3.6 所示。

（5）瞬态特性：执行 Simulate|Setup 菜单命令，弹出的 Analyses Setup 对话框中的参数按图 3.7 设置；单击"Run Analyses"命令按钮进行瞬态特性分析，结果如图 3.8 所示。

（6）交流小信号分析：执行 Simulate|Setup 菜单命令，弹出的 Analyses Setup 对话框中的

参数按图 3.9 设置；单击"Run Analyses"命令按钮进行交流小信号分析，结果如图 3.10 所示。

　　(7) 以 R6 为变量的参数扫描分析：执行 Simulate|Setup 菜单命令，弹出的 Analyses Setup 对话框中的参数按图 3.11 设置；单击"Run Analyses"命令按钮进行以 R6 为变量的参数扫描分析，结果如图 3.12 所示。

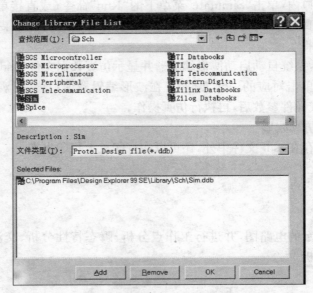

图 3.2　Sim.ddb 元件库文件加载

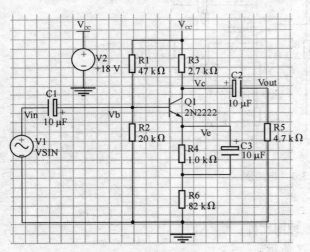

图 3.3　绘制好的原理图

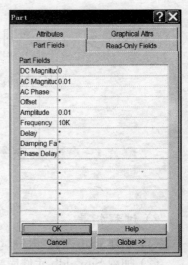

图 3.4　V1 的仿真参数设置

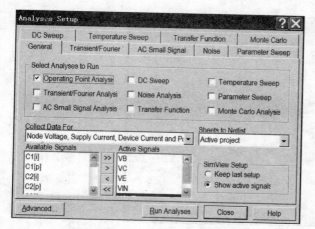

图 3.5 Analyses Setup 对话框设置

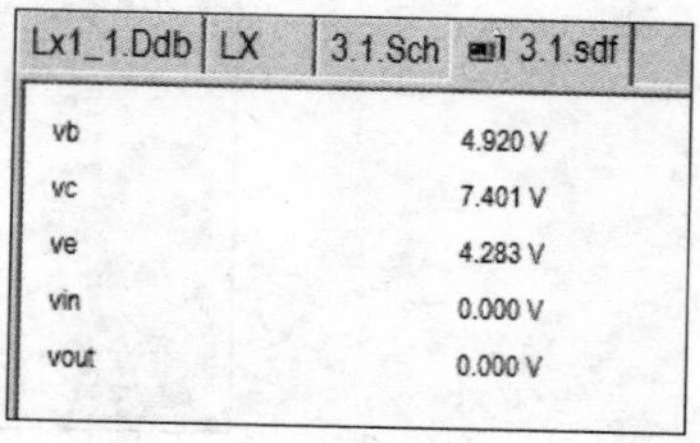

图 3.6 工作点分析结果

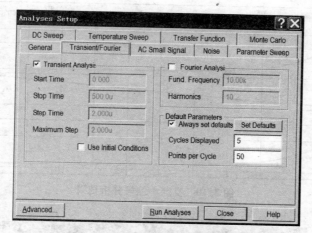

图 3.7 Analyses Setup 对话框设置

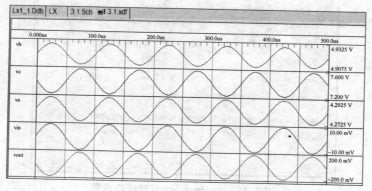

图 3.8 瞬态特性分析结果

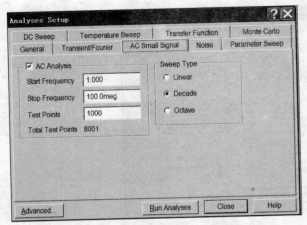

图 3.9　　**Analyses Setup** 对话框设置

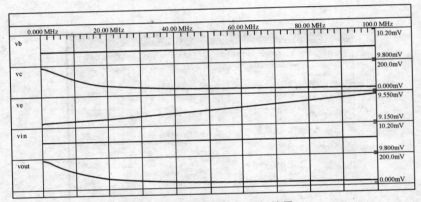

图 3.10　　交流小信号分析结果

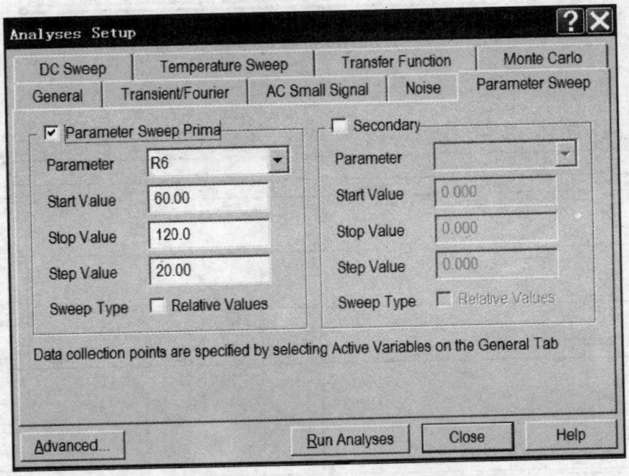

图 3.11　　**Analyses Setup** 对话框设置

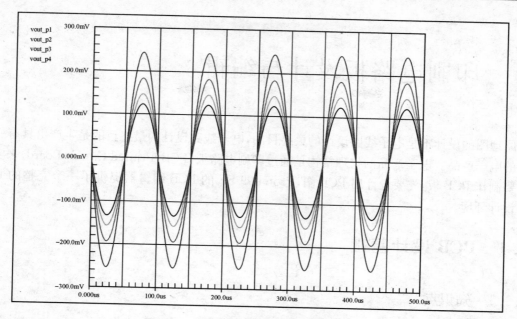

图 3.12 以 R6 为变量的参数扫描分析结果

3）重点提示

（1）作仿真分析的原理图中的元件必须使用 Sim. ddb 元件库中的元件。

（2）激励源的参数设置要合适。

4）训练体会

5）结果考核

6）思考练习

绘制如图 3.13 所示的电路，其中 IN、A、B、C、D、E 和 OUT 为网络标号。并进行工作点分析、瞬时特性分析和小信号分析。

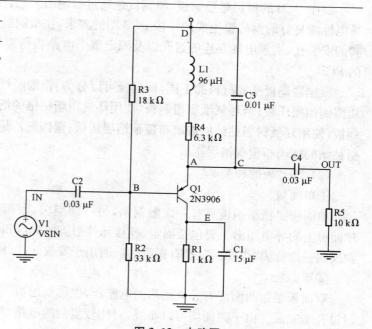

图 3.13 电路图

4 印刷电路板设计与编辑

原理图的设计不是电子线路设计的最终目的,电子线路设计的最终目的是生产出具有一定功能的电子产品。电子产品的物理结构是通过印刷电路板(PCB,Printed Circuit Board)来实现的。要制作 PCB 板,先要设计出 PCB 图,Protel 99 SE 的 PCB 编辑器提供了一个完整的 PCB 图的设计环境。

4.1 PCB 设计基础

4.1.1 知识点

PCB 的基本知识;PCB 编辑器;PCB 图中的对象。

4.1.2 知识点分析

1) PCB 的基本知识

印刷电路板是以一定尺寸的绝缘板为基材,以铜箔为导线,经特定工艺加工,用一层或若干层导电图形(铜箔的连接关系)以及设计好的孔(如元件孔、机械安装孔、金属化过孔等)来实现元件间的电气连接关系。它就像在纸上印刷似的,故得名印刷电路板(印刷线路板)。

(1) PCB 材料

制作 PCB 的材料是覆铜板,覆铜板是通过一定的工艺,在绝缘性能很高的基材上覆盖一层导电性能良好的铜薄膜生成的。按 PCB 图的要求,在覆铜板上刻蚀出导电图形,并钻出元件引脚的安装孔、实现电气互连的过孔以及固定整个电路板所需的螺丝孔,就获得了电子产品所需的 PCB。

根据覆铜板基底材料的不同,覆铜板可以分为:箔酚醛纸质覆铜板,使用酚醛树脂粘结的纸质覆铜箔层压板;箔环氧纸质覆铜板,使用环氧树脂粘结的纸质覆铜箔层压板;环氧玻璃布层覆铜板,使用环氧树脂粘结的玻璃布覆铜箔层压板;聚四氟乙烯玻璃布覆铜板,使用聚四氟乙烯树脂粘结的玻璃布覆铜箔层压板。

(2) PCB 板的种类

①单面板

单面板是指覆铜板只有一面敷铜箔,另一面空白,因而只能在敷铜箔面上制作导电图形。单面板上的导电图形主要包括固定、连接元件引脚的焊盘和实现元件引脚互连的印制导线。有铜膜的一面称为"焊锡面";没有铜膜的一面用于安放元件,称为"元件面"。

②双面板

双面板是指两面都有导电图形的电路板,也称双层板。两面的导电图形之间的电气连接通过过孔来完成。由于两面均可以布线,对比较复杂的电路,其布线比单面板的布通率高,所以它是目前采用最广泛的电路板结构。

③多层板

由交替的导电图形层及绝缘材料层叠压黏合而成的电路板。除电路板两个表面有导电图形外,内部还有一层或多层相互绝缘的导电层,各层之间通过金属化过孔实现电气连接。它主要应用于复杂电路的设计。

（3）元件的封装

电路原理图中使用的元件是实际元件的电气符号;PCB 设计中用到的元件则是实际元件的封装,如表 4.1 所示。元件的封装由元件的投影轮廓、管脚对应的焊盘、元件标号和标注字符等组成。

表 4.1　元件的电气符号与封装举例

元件名	电阻	极性电容	三极管	两脚插座
电气符号	 RES2	 ELECTRO1	 NPN1	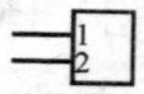 CON2
封　装	 AXIAL0.3	 RB.2/.4	 TO5	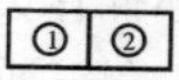 SIP2

在原理图中,同类元件的电气符号往往是相同的,仅仅是元件的型号不同。而在 PCB 图中,同类元件可以有不同的封装形式,如电阻,其封装形式就有 AXIAL0.3、AXIAL0.4、AXIAL0.6 等;不同类的元件也可以共用一个元件封装,如封装 TO220,三极管和集成稳压器都可采用。所以,在进行印刷电路板设计时,不仅要知道元件的名称,而且要确定该元件的封装,这一点是非常重要的。元件的封装最好在进行电路原理图设计时指定。

元件的封装形式分为两大类:针脚式元件封装和表面粘贴式元件封装。

针脚式元件封装。是一种常见的元件封装形式,如电阻、电容、三极管、部分集成电路的封装。这类封装的元件在焊接时,一般先将元件的管脚从电路板的顶层插入焊盘通孔,然后在电路板的底层进行焊接。

表面粘贴式元件封装。现在越来越多的元件采用此类封装,在焊接时元件与其焊盘在同一层。

元件封装的编号规则一般为元件类型＋焊盘距离（或焊盘数）＋元件外形尺寸。根据元件封装编号可区别元件封装的规格。如 AXIAL0.6 表示轴状元件封装,两个管脚焊盘的间距为 0.6 in（600 mil）;RB.3/.6 表示极性电容类元件封装,两个管脚焊盘的间距为 0.3 in（300 mil）,元件直径为 0.6 in（600 mil）;DIP14 表示双列直插式元件封装,两列共 14 个引脚。

（4）焊盘（Pad）与过孔（Via）

焊盘（Pad）的作用是用来放置焊锡、连接导线和焊接元件的管脚。焊盘有不同形状和大小,如圆形、方形、八角形等。根据元件封装的类型,焊盘也分为针脚式和表面粘贴式两种,其中针脚式焊盘必须钻孔,而表面粘贴式无需钻孔。

对于双层板和多层板,由于各信号层之间是绝缘的,因此需在各信号层有连接关系的导线的交汇处钻上一个孔,并在钻孔后的基材壁上淀积金属（电镀）以实现不同导电层之间的电气连接,这种孔称为过孔（Via）。过孔有三种:从顶层贯通到底层的穿透式过孔;从顶层通到内层或从内层通到底层的盲孔;内层间的隐藏过孔。图 4.1 为过孔的尺寸与类型。

（5）铜膜导线

印刷电路板上,焊盘与焊盘之间起电气连接作用的是铜膜导线,简称导线;它也可以通过过

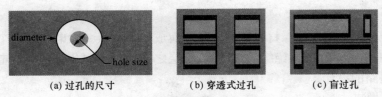

图 4.1　过孔的尺寸与类型

孔把一个导电层和另一个导电层连接起来。PCB 设计的核心工作就是如何布置导线。

在 PCB 设计过程中,有一种与导线有关的线,它是在装入网络表后,系统根据规则自动生成的,用来指引系统自动布线的连线,俗称飞线。飞线只在逻辑上表示出各个焊盘间的连接关系,并没有物理上的电气连接意义;导线则是利用飞线指示的各焊盘和过孔间的连接关系布置的,具有电气连接意义。

2) PCB 编辑器

启动 PCB 编辑器与启动原理图编辑器的方法类似,打开 PCB 文件就启动了 PCB 编辑器。具体操作方法如下:

(1) 通过打开已存在的设计数据库文件启动

①打开一个已有的设计数据库文件(.ddb 文件)。

②展开设计导航树,双击 Documents 文件夹,找到扩展名为".pcb"的文件,单击该文件,就可启动 PCB 编辑器,同时将该 PCB 图纸载入工作窗口中。

(2) 通过新建一个设计数据库文件启动

①执行菜单命令 File|New,新建一个设计数据库文件。

②打开新建立的设计数据库中的 Documents 文件夹,再次执行菜单命令 File|New,或在 Documents 文件夹的工作窗口中单击鼠标右键,在弹出的快捷菜单中选择 New 命令,弹出如图 4.2 所示的 New Document (新建设计文档)对话框。选取其中的 PCB Document 图标,单击 OK 按钮,即在 Documents 文件夹中建立一个新的 PCB 文件,默认名为 PCB1,扩展名为.pcb,此时可更改文件名。

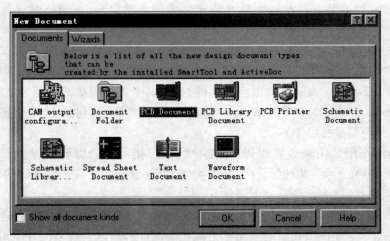

图 4.2　New Document (新建设计文档)对话框

③双击工作窗口或单击设计导航树中的 PCB1.pcb 文件图标,就可启动 PCB 编辑器,如图 4.3 所示。图中左边是 PCB 管理窗口,右边是工作窗口。启动 PCB 编辑器后,菜单栏和工具栏将发生变化,并添加几个浮动工具栏。其中:

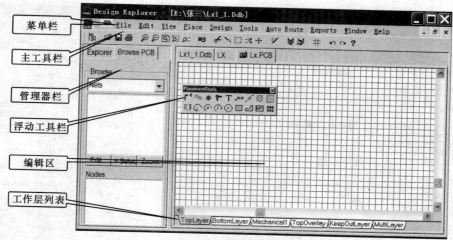

图 4.3 PCB 编辑器界面

菜单栏:包括 File(文件)、Edit(编辑)、View(视图)、Place(放置)、Design(设计)、Tools(工具)、Auto Route(自动布线)、Reports(报告)、Window(窗口)、Help(帮助)。

主工具栏:与原理图编辑器基本相同,不同的有:3D 显示;打开元件封装库管理;浏览一个元件封装库中的元件;设置捕捉栅格。

管理器栏:包括文件管理器和 PCB 浏览管理器,两者共用一个区域,可以在标题上单击鼠标切换。

浮动工具栏:包括放置工具栏、布局工具栏、选择查找工具栏等。

编辑区:设计 PCB 图的区域。

工作层列表:列出所有打开的层,单击层名进行切换。

3)PCB 图中的对象

PCB 图中的对象基本上都可以用放置工具栏中的命令来放置,下面通过介绍放置工具栏的命令来学习 PCB 图中的对象及其属性。放置工具栏如图 4.4 所示。

图 4.4 放置工具栏

(1)放置导线

①放置导线的操作步骤

(a)单击放置工具栏中的 按钮,或执行菜单命令 Place|Interactive Routing。

• 放置直线:当光标变成十字形时,将光标移到导线的起点,单击鼠标左键;然后将光标移到导线的终点,再次单击鼠标左键,一条直导线绘制成功。单击鼠标右键,结束本次操作。

• 放置折线:与放置直线不同的是,当导线出现 90°或 45°转折时,在终点处要双击鼠标左键。

(b)放置完一条导线后,光标仍处于十字形,将光标移到新的位置,可放置其他导线。

(c)单击鼠标右键,光标变成箭头形状,退出放置导线命令状态。

②设置导线的参数

在放置导线过程中按下 Tab 键,弹出 Interactive Routing(交互式布线)设置对话框,如图 4.5 所示。其中主要设置导线的宽度、所在层和过孔的内外径尺寸。

放置导线完毕后,用鼠标左键双击该导线,弹出导线属性设置对话框,如图 4.6 所示。

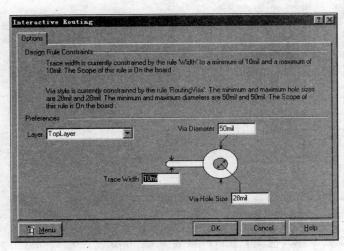

图 4.5　**Interactive Routing** 设置对话框

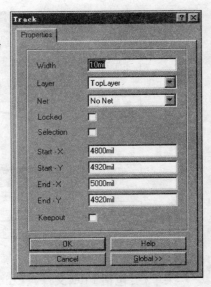

图 4.6　导线属性设置对话框

【Properties】中的参数说明如下：

Width：导线宽度。

Layer：导线所在的层。

Net：导线所在的网络。

Locked：导线位置锁定。

Selection：导线处于选取状态。

Start-X：导线起点的 X 轴、Y 轴坐标。

End-X：导线终点的 X 轴、Y 轴坐标。

KeepOut：此导线具有电气边界特性。

（2）〰️放置连线

连线一般是在非电气层上绘制的电路板的边界、元件边界、禁止布线边界等，它不能连接到网络上，绘制时不遵循布线规则。导线则是在电气层上元件的焊盘之间构成电气连接关系的连线，它能够连接到网络上。在手工布线时，放置导线和放置连线一般不加以区分；但在自动布线时，要采用放置导线（交互式布线）的方法，所以导线与连线还是有所区别的。

①放置连线的操作步骤

（a）单击放置工具栏的〰️按钮，或执行菜单命令 Place| Line。

（b）以后步骤与放置导线类似，不再赘述。

②设置连线的参数

在放置连线过程中按下 Tab 键，弹出 Line Constraints（连线）属性设置对话框，如图 4.7 所示。主要设置连线的宽度和所在的层。

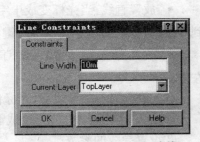

图 4.7　**Line Constraints**（连线）
属性设置对话框

连线的参数设置、编辑等操作与导线的相同。但连线在切换层时，不会出现过孔。

（3）◉放置焊盘

①放置焊盘的操作步骤

（a）单击放置工具栏中的◉按钮，或执行菜单命令 Place|Pan。

（b）光标变为十字形，且带有一个焊盘图标。将光标移到要放置焊盘的位置，单击鼠标左键，便放置了一个焊盘。

（c）此时光标仍处于放置命令状态，可继续放置焊盘。单击鼠标右键或双击鼠标左键，可结束放置命令状态。

②设置焊盘的属性

在放置焊盘过程中按下 Tab 键，或用鼠标左键双击放置好的焊盘，弹出焊盘属性设置对话框，如图 4.8 所示，它包括 3 个选项卡，可设置焊盘的有关参数。

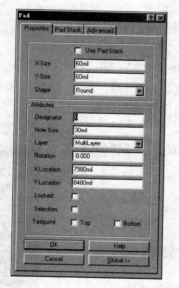
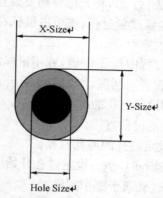

图 4.8　焊盘属性设置对话框

【Properties】选项卡

Use Pad Stack 复选框：设定使用焊盘栈。此项有效，本栏将不可设置。

X-Size、Y-Size：设定焊盘在 X 和 Y 方向的尺寸。

Sharp：选择焊盘形状。有 Round（圆形）、Rectangle（正方形）和 Octagonal（八角形）。

Designator：设定焊盘的序号，从 0 开始。

Hole Size：设定焊盘的通孔直径。

Layer：设定焊盘的所在层，通常在 MultiLayer（多层）。

Rotation：设定焊盘旋转角度。

X-Location、Y-Location：设定焊盘 X 和 Y 方向的坐标值。

Locked：此项有效，焊盘被锁定。

Selection：此项有效，焊盘处于选取状态。

Testpoint：将该焊盘设置为测试点。有两个选项：Top 和 Bottom。被设为测试点后，在焊盘上会显示 Top 或 Bottom Test-Point 文本，且 Locked 属性同时被选取，使之被锁定。

【Pad Stack（焊盘栈）】选项卡

当 Properties 选项卡中的 Use Pad Stack 复选框有效时，该选项卡才有效。该选项卡与焊盘栈有关。焊盘栈就是同一焊盘在多层板中的顶层、中间层和底层拥有不同的尺寸与形状,分别在 Top、Middle 和 Bottom 三个区域,设定焊盘的大小和形状。

【Advanced(高级设置)】选项卡

Net:设定焊盘所在的网络。

Electrical Type:设定焊盘在网络中的电气类型,包括 Load(负载焊盘)、Source(源焊盘)和 Terminator(终结焊盘)。

Plated:设定是否将焊盘的通孔孔壁进行电镀处理。

Paste Mask:设定焊盘助焊膜的属性。选择 Override 复选框,可设置助焊延伸值。

Solder Mask:设定阻焊膜的属性。选择 Override 复选框,可设置阻焊延伸值。选取 Tenting,则阻焊膜是一个隆起,且不能设置阻焊延伸值。

(4) 放置过孔

对于双面板或多层板,不同层之间的电气连线是靠过孔来连接的。

①放置过孔的步骤

(a) 单击放置工具栏的█按钮,或执行菜单命令 Place|Via。

(b) 光标变成十字形,将光标移到要放置过孔的位置,单击鼠标左键,放置一个过孔。

(c) 此时可继续放置过孔,或单击鼠标右键退出放置命令状态。

②过孔属性设置

在放置过孔过程中按 Tab 键,或用鼠标左键双击已放置的过孔,将弹出过孔属性设置对话框,如图 4.9 所示。

【Properties】设置过孔的有关参数。

Diameter:设定过孔直径。

Hole Size:设定过孔的通孔直径。

Start Layer、End Layer:设定过孔开始层和结束层的名称。

Net:设定该过孔属于哪个网络。

其他参数的设置方法与焊盘属性类似,这里不再赘述。

(5) █放置字符串(文本)

在制作电路板时,常需要在电路板上放置一些字符串,说明本电路板的功能、电路设置方法、设计序号和生产时间等。这些字符串可以放置在机械层,也可以放置在丝印层。

①放置字符串的操作步骤

图 4.9　过孔属性设置对话框

(a) 单击放置工具栏的█按钮,或执行菜单命令 Place|String。

(b) 光标变成十字形,且带有字符串图标。此时,按下 Tab 键,将弹出字符串属性设置对话框,如图 4.10 所示。在对话框中可设置字符串的内容(Text)、大小(Hight、Width)、字体(Font,有三种字体)、字符串的旋转角度(Rotation)和镜像(Mirror)等参数。

(c) 设置完毕后,单击 OK 按钮,将光标移到相应的位置,单击鼠标左键,完成一次放置操作。

(d) 此时光标还处于放置命令状态,可继续放置或单击右键结束放置命令状态。

②字符串属性设置

放置字符串完毕,用鼠标左键双击字符串,弹出如图 4.10 所示的字符串属性设置对话框。

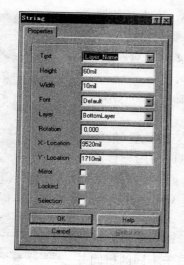

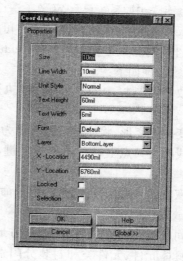

图 4.10　字符串属性设置对话框　　　图 4.11　坐标属性设置对话框

（6）放置坐标

放置坐标是将当前光标所处位置的坐标值放置在工作层上，一般放置在非电气层。

①放置坐标的操作步骤

（a）单击放置工具栏中的 按钮，或执行菜单命令 Place|Coordinate。

（b）光标变成十字形，且有一个变化的坐标值随光标移动。光标移到要放置的位置后单击鼠标左键，完成一次操作。放置好的坐标左下方有一个十字符号。

（c）单击鼠标右键，结束放置命令状态。

②设置坐标位置的属性

在放置命令状态下按 Tab 键，或在放置后用鼠标左键双击坐标，系统弹出坐标属性设置对话框，如图 4.11 所示。设置内容包括坐标十字符号的高度（Size）和宽度（Line Width）；坐标值的单位格式（Unit Style）；坐标值的高度（Text Height）、宽度（Text Width）、字体（Font）、所在层（Layer）和坐标值（X-Location、Y-Location）等参数。单位格式有 3 种形式：None（无单位）、Normal（常规表示）和 Brackets（括号表示）。

（7） 放置尺寸标注

在 PCB 设置中，有时需要标注某些尺寸的大小，如电路板的尺寸、特定元件外形的间距等，以方便印刷电路板的制造，一般尺寸标注放在机械层。

①放置尺寸标注的操作步骤

（a）单击放置工具栏中的 按钮，或执行菜单命令 Place|Dimension。

（b）光标变成十字形，移动光标到尺寸的起点，单击鼠标左键，确定标注尺寸的起始位置。

（c）可向任意方向移动光标，中间显示的尺寸随光标的移动而不断变化，到终点位置单击鼠标左键，完成一次尺寸标注，如图 4.12 所示。

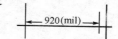

（d）单击鼠标右键，结束放置尺寸标注操作。

②设置尺寸标注的属性

图 4.12　尺寸标注

在放置命令状态下按下 Tab 键，或用鼠标左键双击已放置的标注尺寸，弹出尺寸标注属性设置对话框，如图 4.13 所示，对有关参数进行设置。尺寸标注的单位格式同放置坐标操作。

（8） 设置原点

在 PCB 编辑器中,系统已经定义了一个坐标系,该坐标的原点称为 Absolute Origin(绝对原点)。用户可根据需要自己定义坐标系,设置用户坐标原点,该坐标原点称 Relative Origin(相对原点,当前原点)。设置步骤如下:

①单击放置工具栏中的 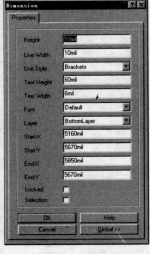按钮,或执行菜单命令 Edit|Origin|Set。

②光标变成十字形,将光标移到要设为相对原点的位置(最好位于可视栅格线的交叉点上),单击鼠标左键,则该点成为用户自定义的坐标原点。

③若要恢复原来的坐标系,执行菜单命令 Edit|Origin|Rese。

(9) 放置房间

图 4.13 尺寸标注属性设置对话框

所谓房间(Room)是帮助布局的长方形区域。可以将电路板所属的元件按具体元件、元件类和封装分门别类地归于不同的房间并对它们的相对位置进行排列,然后,在电路板上将这些房间放置好。当移动房间时,房间内的这些元件也随之移动,并保证房间内元件的相对位置不变。

①放置房间的操作步骤

(a) 执行菜单命令 Place|Room,或单击放置工具栏的 按钮。

(b) 光标变成十字形,单击鼠标左键,确定房间的顶点,再移动光标到房间的对角顶点单击鼠标左键,就放置了一个房间,房间的名称默认为 RoomDefinition。

(c) 此时,可继续放置房间,则房间序号自动增加;或单击鼠标右键,结束放置命令状态。

②房间属性的设置

在放置房间的过程中按下 Tab 键,或用鼠标左键双击放置好的房间,将弹出 Room Definition 对话框,如图 4.14 所示。

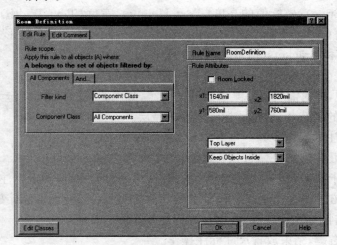

图 4.14 房间属性设置对话框

【Room Definition】中的主要参数有:

Rule Name(规则名):用户可以设置该房间定义所应用的规则名,也可以自定义名称。

Room Locked:该复选框有效,房间被锁定。

x1、y1、x2、y2:用来定义房间的两个对顶点坐标,以确定房间的大小。

房间所在层:可选择 Top Layer 或 Bottom Layer。

适用条件:可选择 Keep Objects Inside(将对象限制在房间内部)或 Keep Objects Outside(将对象限制在房间外部)。

Rule Scope:通过 Filter Kind 列表框设置,用来选择属于该房间的对象。

(10) ▥ 放置元件

① 放置元件的操作步骤

(a) 单击放置工具栏的 ▥ 按钮,或执行菜单命令 Place|Component。

(b) 弹出如图 4.15 所示的放置元件对话框。在 Footprint 文本框输入元件封装的名称,如果不知道可单击 Browse 按钮去元件封装库中浏览。在 Designator 文本框输入元件的标号。在 Comment 文本框输入元件的型号或标称值。

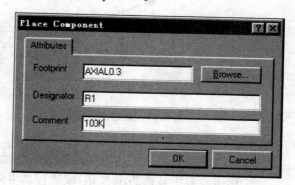

图 4.15　放置元件对话框

(c) 设置完毕后单击 OK 按钮,光标变成十字形,并带有所选的元件图标。移动光标到要放置元件的位置,可用空格键旋转元件的方向,单击鼠标左键确定。

(d) 系统再次弹出放置元件对话框,可继续放置元件。单击 Cancel 按钮,结束放置命令状态。

② 元件的属性设置

在放置元件的命令状态下按下 Tab 键,或用鼠标左键双击某元件,或用鼠标右键单击某元件,在弹出的快捷菜单中选择 Properties 命令,或执行菜单命令 Edit|Change,光标变成十字形。此时选取元件,弹出元件属性设置对话框,如图 4.16 所示。

【Properties】中的参数说明如下:

Designator:设置元件的标号。

Comment:设置元件的型号或标称值。

Footprint:设置元件的封装。

Layer:设置元件所在的层。

Rotation:设置元件的旋转角度。

X-Location 和 Y-Location:元件所在位置的 X、Y 方向的坐标值。

Lock Prims:此项有效,该元件封装图形不能被分解开。

Locked:此项有效,该元件被锁定,不能进行移动、删除等操作。

Selection:此项有效,该元件处于被选取状态,呈高亮。

图 4.16 中的 Designator 和 Comment 选项卡是对元件这两个属性作进一步设置,较容易理解,这里不再赘述。

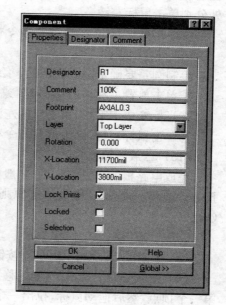

图 4.16　元件属性的设置对话框

（11）边缘法绘制圆弧

边缘法绘制圆弧是通过圆弧上的两点：起点与终点来确定圆弧的大小。绘制步骤如下：

①单击放置工具栏的按钮，或执行菜单命令 Place|Arc (Edge)。

②光标变成十字形，单击鼠标左键，确定圆弧的起点，再移动光标到适当的位置，单击鼠标左键，确定圆弧的终点。单击鼠标右键，完成一段圆弧的绘制，如图 4.17 所示。

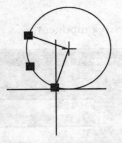

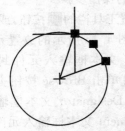

图 4.17　边缘法绘制圆弧　　　　　图 4.18　中心法绘制圆弧

（12）中心法绘制圆弧

中心法绘制圆弧是通过确定圆弧的中心、起点和终点来确定一个圆弧。绘制步骤如下：

①单击放置工具栏的按钮，或执行菜单命令 Place|Arc(Center)。

②光标变成十字形，单击鼠标左键，确定圆弧的中心，移动光标拉出一个圆形，单击鼠标左键，确定圆弧半径。

③沿圆移动光标，在圆弧的起点和终点处分别单击鼠标左键。

④单击鼠标右键，结束放置命令状态，完成一段圆弧的绘制，如图 4.18 所示。

（13）角度旋转法绘制圆弧

角度旋转法绘制圆弧是通过确定圆弧的起点、圆心和终点来确定圆弧的。绘制步骤如下：

①单击放置工具栏的按钮，或执行菜单命令 Place|Arc(Any Angle)。

②光标变成十字形，单击鼠标左键，确定圆弧的起点，再移动光标到适当的位置，单击鼠标左键，确定圆弧的圆心，这时光标跳到圆的右侧水平位置，沿圆移动光标，在圆弧的起点和终点处分别单击鼠标左键。

③单击鼠标右键，结束放置命令状态，完成一段圆弧的绘制。

（14）绘制圆

绘制圆是要确定圆心和半径。绘制步骤如下：

①单击放置工具栏的按钮，或执行菜单命令 Place|Full Circle。

②光标变成十字形，单击鼠标左键，确定圆的圆心，移动光标，拉出一个圆，单击鼠标确认。

③单击鼠标右键，结束放置命令状态，完成一个圆的绘制。

（15）放置填充

完成电路板的布线工作后，一般在顶层或底层会留有一些面积较大的空白区（没有走线、过孔和焊盘），根据地线尽量加宽原则和利于元件散热，应将空白区用实心的矩形覆铜来填充（Fill）。

①放置矩形填充的操作步骤

（a）单击放置工具栏中的按钮，或执行菜单命令 Place|Fill。

（b）光标变为十字形，将光标移到要放置矩形填充的位置，单击鼠标左键，确定矩形填充的第一个顶点，然后拖动鼠标，拉出一个矩形区域，再次单击鼠标左键，完成一个矩形填充的放置。

（c）此时可继续放置矩形填充，或单击鼠标右键，结束放置命令状态。

②设置矩形填充的属性

在放置矩形填充的过程中按下 Tab 键,弹出矩形填充的属性设置对话框,如图 4.19 所示。

【Properties】主要的参数如下:

Layer:矩形填充所在的层。

Net:矩形填充所属于的网络。

Corner1-X、Corner1-Y:矩形填充第一个角的 X、Y 坐标值。

Corner2-X、Corner2-Y:矩形填充第二个角的 X、Y 坐标值。

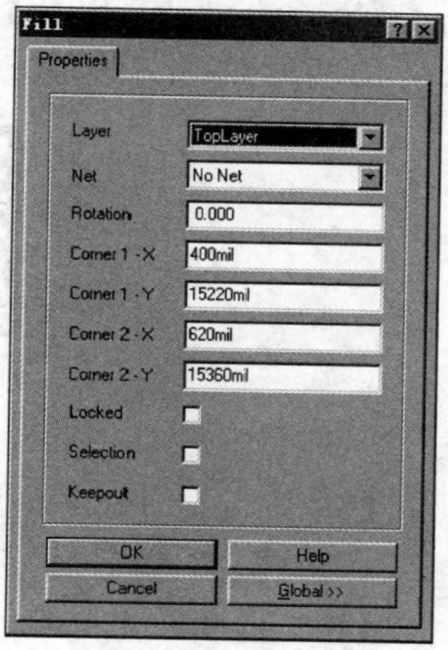

(16) 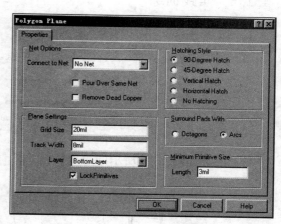 放置多边形平面填充

为增强电路的抗干扰能力,一般在电路板的空白区域放置多边形平面填充。

①放置多边形填充的操作步骤

(a) 单击放置工具栏中的 按钮,或执行菜单命令 Place | Polygon Plane。

图 4.19　矩形填充的属性
设置对话框

(b) 弹出多边形平面填充的属性设置对话框,如图 4.20 所示。在对话框中设置有关参数后,单击 OK 按钮,光标变成十字形,进入放置多边形填充状态。

(c) 在多边形的每个拐点处单击鼠标左键,最后单击右键,系统自动将多边形的起点和终点连接起来,构成多边形平面并完成填充。

②设置多边形平面填充的属性

多边形平面填充属性设置对话框中,主要有以下参数:

【Net Options】选项区域:设置多边形平面填充与电路网络间的关系。

Connect to Net:在其下拉列表框中选择所隶属的网络名称。

Pour Over Same Net:该项有效时,在填充时遇到该连接的网络就直接覆盖。

Remove Dead Copper:该项有效时,如果遇到死铜的情况,就将其删除。已经设置与某个网络相连,而实际上没有与该网络相连的多边形平面填充为死铜。

图 4.20　边形填充属性对话框

【Plane Settings】选项区域:

Grid Size 文本框:设置多边形平面填充栅格间距。

Track Width 文本框:设置多边形平面填充的线宽。

Layer:设置多边形平面填充所在的层。

【Hatching Style】选项区域:设置多边形平面填充的格式。

在多边形平面填充中,有 5 种不同的填充格式,如图 4.21 所示。

(a)90°格子　　(b)45°格子　　(c)垂直格子　　(d)水平格子　　(e)无格子

图 4.21　五种不同的填充格式

【Surround Pad With】选项区域：设置多边形平面填充环绕焊盘的方式。
有两种方式：八边形方式和圆弧方式，如图 4.22 所示。

(a)八边形方式   (b)圆弧方式

图 4.22   多边形绕过焊盘的方式

【Minimum Primitive Size】区域：设置多边形平面填充内最短的走线长度。

(17) 放置内电源与地线层

(18) 阵列粘贴

矩形填充与多边形平面填充是有区别的。矩形填充将整个矩形区域以覆铜全部填满，同时覆盖区域内所有导线、焊盘和过孔，使它们具有电气连接；而多边形平面填充用铜线填充，并可以设置绕过多边形区域内具有电气连接的对象，以不改变它们原有的电气特性。另外，直接拖动多边形平面填充就可以调整其放置位置，此时会出现一个 Confirm（确认）对话框，询问是否重建，应该选择 Yes 按钮要求重建，以避免发生信号短路现象。

4.1.3   实践训练

1) 训练任务

(1) 利用放置工具栏，放置图 4.23 的对象。

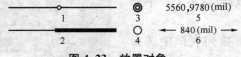

图 4.23   放置对象一

(2) 放置如图 4.24 所示的对象。

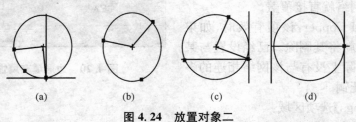

图 4.24   放置对象二

(3) 放置如图 4.25 所示对象。

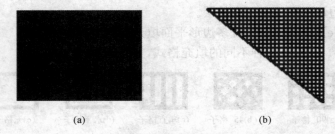

(a)   (b)

图 4.25   放置对象三

2) 步骤指导

(1) 由图 4.23 可知,1、2、3、4、5 和 6 对象分别是导线、连线、焊盘、过孔、坐标和尺寸标注。

①导线:单击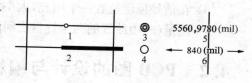,进入放置导线状态,单击左键确定导线的起点;移动鼠标到第二点,按 "*" 键,切换层并自动放置焊盘,单击左键确定第二点;移动鼠标到第三点,单击确定第三点;按右键两次退出放置导线的状态。

②连线:单击▧,进入放置连线状态,单击左键确定导线的起点;移动鼠标到第二点,单击左键确定第二点,按 Tab 键打开连线的属性设置对话框并按图完成设置;移动鼠标到第三点单击确定第三点;按右键两次退出放置连线的状态。

③焊盘:单击◉,进入放置焊盘状态,按 Tab 键打开焊盘的属性设置对话框并按图完成设置;移动鼠标到合适的位置,单击左键放置焊盘,再按右键退出放置焊盘状态。

④过孔:单击▮,进入放置过孔状态,按 Tab 键打开过孔的属性设置对话框并按图完成设置;移动鼠标到合适的位置,单击左键放置过孔,再按右键退出放置过孔状态。

⑤坐标:单击▦,进入放置坐标状态,移动鼠标到合适的位置,单击左键放置坐标,再按右键退出放置坐标状态。

⑥尺寸标注:单击▨,进入放置尺寸标注状态,单击左键确定起点,沿 X 轴向右移动 840 mil 单击左键确定终点,系统自动放置尺寸标注。

图中的"1"、"2"、"3"、"4"、"5"和"6"序号是字符串(文本),可以通过单击修改属性得到,结果如图 4.26 所示。

图 4.26 放置结果一

(2) 由图 4.24 可知,(a)、(b)和(c)分别是边缘法、角度旋转法、中心法绘制的圆弧,(d)为绘制的圆。

(3) 由图 4.26 可知,(a)是矩形填充,(b)是多边形填充。

①单击▦,进入放置矩形填充图形状态,单击鼠标左键确定起点,移动鼠标得到矩形填充图形,再单击鼠标的左键确定终点,完成矩形填充图形的放置,单击右键退出放置填充矩形状态。

②单击◢,进入放置多边形填充图形状态,单击左键确定起点;沿水平方向右移动鼠标到第二点,单击鼠标确定第二点;再沿竖直方向向下移动鼠标到第三点,单击左键确定第三点;单击右键退出放置多边形填充图形状态,自动生成由这三点围成的多边形,结果如图 4.27 所示。

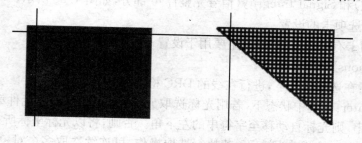

图 4.27 放置结果二

3) 重点提示

(1) 在放置导线或连线时,按"Shift"+空格键可以改变线的转角样式。

（2）理解放置矩形填充与放置多边形填充的异同。

4）训练体会

_____

_____

_____

_____

_____。

5）结果考核

_____。

6）思考练习

（1）放置一条导线，带大圆弧转角，且宽度为 30 mil

（2）放置两个焊盘，其外径为 100 mil，内径为 50 mil。

（3）在信号顶层放置一个填充，大小为 15 mm×10 mm。

（4）测量（2）中放置的两个焊盘之间的距离。

4.2　PCB 图的设计与编辑

4.2.1　知识点

PCB 编辑器的环境及系统设置；PCB 图中的层；手工设计与编辑 PCB 图的过程。

4.2.2　知识点分析

1）PCB 编辑器的环境设置

根据实际需要和自己的喜好通过执行菜单命令 Tools|Preference 命令打开 Preferences 对话框设置 PCB 工作参数，建立一个自己喜欢的工作环境。Protel 99 SE 提供的 PCB 工作参数包括 Option（特殊功能）、Display（显示状态）、Color（工作层面颜色）、Show/Hide（显示/隐藏）、Default（默认参数）和 Signal Integrity（信号完整性）6 部分，如图 4.28 所示。

（1）Options 选项卡的设置

Options 选项卡有 6 个选择区域，主要用于设置一些特殊的功能。

【Editing options】选择区域

Online DRC：在选中状态下，进行在线的 DRC 检查。

Snap To Center：在选中状态下，若用光标选取元件，则光标移动至元件第 1 脚的位置；若用光标移动字符串，则光标自动移至字符串的左下角。否则，将以光标坐标所在位置选中对象。

Extend Selection：在选中状态下，若执行选取操作，可连续选取多个对象；否则，只有最后一次选取操作有效。

Remove Duplicates：在选中状态下，可自动删除重复的对象。

Confirm Global Edit：在选中状态下，当进行整体编辑操作后，将出现要求确认的对话框。

Protect Locked Objects：在选中状态下，保护锁定的对象，使之不能执行如移动、删除等

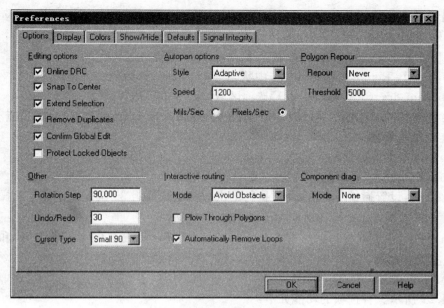

图 4.28 Preference 对话框

操作。

【Autopan options(自动移边)】选项区域

Style：设置自动移边功能模式，共 7 种。

①Disable：关闭自动移边功能。

②Re-Center：以光标所在位置为新的编辑区中心。

③Adaptive：自适应模式，以 Speed 文本框的设定值来控制移边操作的速度，是系统默认值。

④Ballistic：非定速自动移边，光标越往编辑区边缘移动，移动速度越快。

⑤Fix Size Jump：当光标移到编辑区边缘时，系统将以 Step 文本框设定值移边；按下 Shift 键后，系统将以 Shift Step 文本框设定值移边。

⑥Shift Accelerate：自动移边时，按住 Shift 键会加快移边的速度。

⑦Shift Decelerate：自动移边时，按住 Shift 键会减慢移边的速度。

Speed：移动速率，默认值为 1 200。

Mils/Sec：移动速率单位，mils/s。

Pixels/Sec：另一个移动速率单位，像素/s。

【Polygon Repour（多边形填充的绕过）】选项区域

Repour：有 3 个选项。

①Never 选项：当移动多边形填充区域后，一定会出现确认对话框，询问是否重建多边形填充。

②Threshold 选项：当多边形填充区域偏离距离比 Threshold 设定值小时，会出现确认对话框；否则，不出现确认对话框。

③Always 选项：无论如何移动多边形填充区域，都不会出现确认对话框，系统直接重建多边形填充区域。

Threshold：绕过的临界值。

【Interactive routing（交互式布线的参数设置）】选项区域

Mode：设置交互式布线的模式。包括 Ignore Obstacle(忽略障碍，直接覆盖)、Avoid Obstacle(绕开障碍)和 Push Obstacle (推开障碍)3 种模式供选择。

Plow Through Polygons：在选中状态下，则多边形填充绕过导线。

Automatically Remove Loops：在选中状态下，自动删除形成回路的走线。

【Component drag(元件拖动模式)】选项区域

Mode：选择 None，在拖动元件时，只拖动元件本身；选择 Connected Track，在拖动元件时，该元件的连线也跟着移动。

【Other(其他)】选项区域

Rotation Step：设置元件的旋转角度，默认值为 90°。

Undo/Redo：设置撤销/重复命令可执行的次数。默认值为 30 次。撤销命令的操作对应主工具栏的 🔄 按钮，重复命令操作对应主工具栏的 🔄 按钮。

Cursor Type：设置光标形状。有 Large 90 (大十字形)、Small 90 (小十字形)和 Small 45 (小叉形)3 种光标形状。

(2) Display 选项卡的设置

如图 4.29 所示。各选项的功能如下：

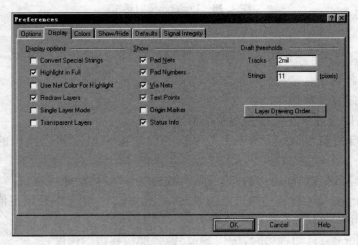

图 4.29　Display 选项卡设置

【Display options】选项区域

Convert Special Strings：用于设置是否将特殊字符串转化为它所代表的文字。

Highlight in Full：设置高亮状态。该项有效时，选中的对象将被填满白色；否则选中的对象只加上白色外框，选取状态不十分明显。

Use Net Color For Highlight：该项有效时，选中的网络将以该网络所设置的颜色来显示。

Redraw Layers 该项有效时，每次切换板层时系统都重绘各板层的内容，工作层绘在最上层。否则，切换板层时不进行重绘操作。

Single Layer Mode：单层显示模式。该项有效时，工作窗口将只显示当前工作层的内容；否则，工作窗口将所有使用的层的内容都显示出来。

Transparent Layers：透明模式。该项有效时，所有层的内容和被覆盖的对象都会显示出来。

【Show】选项区域

当工作窗口处于合适的缩放比例时，下面所选取的选项的属性值就会显示出来。

Pad Nets：连接焊盘的网络名称。

Pad Numbers：焊盘序号。

Via Nets：连接过孔的网络名称。

Test Points：测试点。

Origin Marker：原点。

Status Info：状态信息。

【Draft thresholds】选项区域

可设置在草图模式中走线宽度和字符串长度的临界值。

Tracks：走线宽度临界值，默认值为 2 mil。大于此值的走线以空心线来表示，否则以细直线来表示。

Strings：字符串长度临界值，默认值为 11 pixels。大于此值的字符串以细线来表示，否则以空心方块来表示。

【Layer Drawing Order】选项区域

设置工作层的绘制顺序

单击图 4.29 中的 Layer Drawing Order 按钮，将弹出如图 4.30 所示的对话框。在列表框中，先选择要编辑的工作层，再单击 Promote 或 Demote 按钮，可提升或降低该工作层的绘制顺序。单击 Default 按钮，可将工作层的绘制顺序恢复到默认状态。

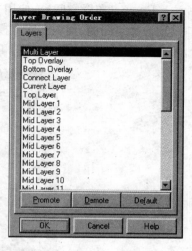

图 4.30　Layer Drawing Order
对话框

（3）Colors 选项卡的设置

它主要用来调整各板层和系统对象的显示颜色，如图 4.31 所示。要设置某一层的颜色，单击该层名称旁边的颜色块，在弹出的 Choose Color（选择颜色）对话框中，拖动滑块选择给出的颜色，也可自定义工作层的颜色。可调整的系统对象颜色有 DRC 标记、选取对象（Selection）、背景（Background）、焊盘通孔（Pad Holes）、过孔通孔（Via Holes）、飞线（Connections）、可视栅格 1（Visible Grid 1）和可视栅格 2（Visible Grid 2）。如无特殊需要，最好不要改动颜色设置，否则将带来不必要的麻烦。如出现颜色混乱，可单击 Default Color（系统默认颜色）或 Classic Color（传统颜色）按钮加以恢复，Classic Color 方案为系统的默认选项。

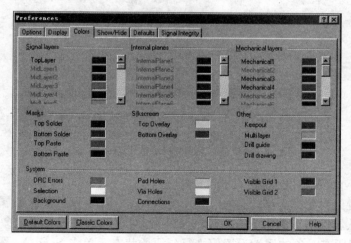

图 4.31　Color 选项卡的设置

（4）Show/Hide 选项卡的设置

如图 4.32 所示，为 10 个对象提供了 Final（最终图稿）、Draft（草图）和 Hidden（隐藏）3 种显示模式。这 10 个对象包括 Arcs(弧线)、Fills(矩形填充)、Pans(焊盘)、Polygons(多边形填充)、Dimensions(尺寸标注)、String (字符串)、Tracks(导线)、Vias(过孔)、Coordinates(坐标标注)、Rooms(布置空间)。使用 All Final、All Draft 和 All Hidden 3 个按钮,可分别将所有元件设置为最终图稿、草图和隐藏模式。设置为 Final 模式的对象显示效果最好;设置为 Draft 模式的对象显示效果较差;设置为 Hidden 模式的对象不会在工作窗口显示。

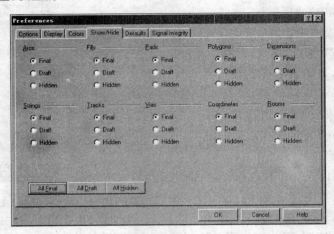

图 4.32　Show/Hide 选项卡的设置

(5) Defaults 选项卡的设置

主要用来设置各电路板对象的默认属性值,如图 4.33 所示。

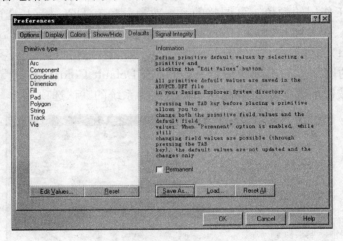

图 4.33　Defaults 选项卡的设置

①Primitive type(基本类型)列表框与按钮

先选择要设置的对象的类型,再单击 Edit Values 按钮,在弹出的对象属性对话框中,即可调整该对象的默认属性值。单击 Reset 按钮,将所选对象的属性设置值恢复到原始状态;单击 Reset All 按钮,把所有对象的属性设置值恢复到原始状态。单击 Save As 按钮,将当前的各对象的属性值备份到某个.dft 文件内。使用 Load 按钮,可把某个.dft 文件装载到系统中。

②Permanent 复选框

该复选框无效,在放置对象时,按 Tab 键可打开其属性对话框加以编辑,而且修改过的属性值会应用在后续放置的相同对象上。

该复选框有效时,就会将所有的对象属性值锁定。在放置对象时,按下 Tab 键,仍可修改其属性值,但对后续放置的相同对象,该属性值无效。

(6) Signal Integrity 选项卡的设置

用来设置信号的完整性,如图 4.34 所示。通过该选项卡可以设置元件标号和元件类型之间的对应关系,为信号完整性分析提供信息。

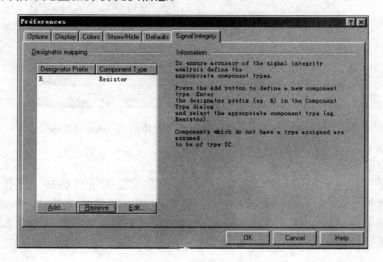

图 4.34 Signal Integrity 选项卡的设置

2) 系统设置

(1) 执行菜单命令 Design|Option,用户可以在 Layers 区域中设置 PCB 系统设计参数。

【System】各选项功能如下:

Connections:用于设置是否显示飞线。绝大多数情况下,在进行布局调整和布线时都要显示飞线。

DRC Errors:用于设置是否显示电路板上违反 DRC 的检查标记。

Pad Holes:用于设置是否显示焊盘通孔。

Via Holes:用于设置是否显示过孔的通孔。

Visible Grid1:用于设置第一组可视栅格的间距以及是否显示出来。

Visible Grid2:用于设置第二组可视栅格的间距以及是否显示出来。一般我们在工作窗口看到的栅格为第二组可视栅格,放大画面之后,可见到第一组可视栅格。

(2) 栅格和计量单位设置

单击 Document Options 对话框中的 Options 选项卡,打开如图 4.35 所示的对话框。

①捕获栅格的设置

用于设置光标移动的间距。使用 Snap X 和 Snap Y 两个下拉框,可设置在 X 和 Y 方向的捕获栅格的间距;或单击主工具栏的▦按钮,在弹出的捕获栅格设置对话框中输入捕获栅格的间距;或按下快捷键 G,在弹出的菜单中,选择捕获栅格间距值。

②元件栅格的设置

用于设置元件移动的间距。使用 Component X 和 Component Y 两个下拉框,可设置元件在 X 和 Y 方向的移动间距。

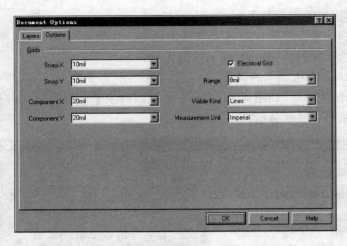

图 4.35　Document Options 对话框中的 Options 选项卡

③电气栅格范围

电气栅格是一种主要为了支持 PCB 的布线功能而设置的特殊栅格。当任何导电对象(如导线、过孔、元件等)没有定位在捕获栅格上时,就启动该电气栅格功能。只要将某个导电对象移到另外一个导电对象的电气栅格范围内,两者就会自动连接在一起。选中 Electrical Grid 复选框表示启动电气栅格的功能。Range(范围)用于设置电气栅格的间距,一般比捕获栅格的间距小一些。

④可视栅格的类型

可视栅格是系统提供的一种在屏幕上可见的栅格。通常可视栅格的间距为一个或几个捕获栅格的距离。Protel 99 SE 提供 Dots(点状)和 Lines(线状)两种显示类型。

⑤计量单位的设置

Protel 99 SE 提供 Metric(公制)和 Imperial (英制)两种计量单位,系统默认为英制。电子元件的封装基本上都采用英制单位,如双列直插式集成电路两个相邻管脚的中心距为 0.1 in;贴片类集成电路相邻管脚的中心距为 0.05 in 等,所以,设计时的计量单位最好选用英制。英制的默认单位为 min(毫英寸),公制的默认单位为 mm(毫米),1 min＝0.025 4 mm。按下快捷键 Q,计量单位在英制与公制之间切换。

3) PCB 图中的层

(1) 层及层的功能

PCB 采用分层结构,在绘制 PCB 图时,层的概念非常重要。在 PCB 编辑器中,执行菜单命令 Design|Option,系统将弹出如图 4.36 所示的 Document Options 对话框,各层的含义及应用介绍如下:

①Signal Layers(信号层)

信号层主要用于布置电路板上的导线。Protel 99 SE 提供了 32 个信号层,包括 Top layer (顶层)、Bottom Layer(底层)和 30 个 Mid Layer(中间层)。顶层是主要用于放置元件和布线的一个表面,底层是主要用于布线和焊接的另一个表面,中间层位于顶层与底层之间,在实际的电路板中是看不见的。

②Internal Planes(内部电源/接地层)

Protel 99 SE 提供了 16 个内部电源层/接地层。该类型的层仅用于多层板,主要用于布置

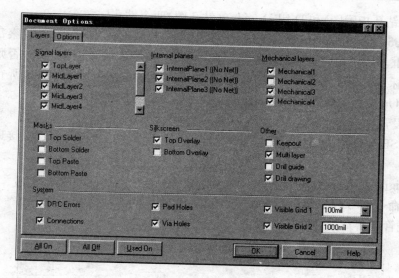

图 4.36　Document Options 对话框

电源线和接地线。双层板、四层板、六层板一般指信号层和内部电源/接地层的数目。

③Mechanical Layers（机械层）

Protel 99 SE 提供了 16 个机械层，一般用于设置电路板的外形尺寸、数据标记、对齐标记、装配说明以及其他的机械信息。这些信息因设计公司或 PCB 制造厂家的要求而有所不同。执行菜单命令 Design|Mechanical Layers 能为电路板设置更多的机械层。机械层可以附加在其他层上一起输出显示。

④Solder Mask Layer（阻焊层）

为了让电路板适应波峰焊等机器焊接形式，要求非焊接处的铜箔不能粘锡，所以在焊盘以外的各部位都要涂覆一层涂料，如防焊漆，用于阻止这些部位上锡。阻焊层用于在设计过程中匹配焊盘，是自动产生的。Protel 99 SE 提供了 Top Solder（顶层）和 Bottom Solder（底层）两个阻焊层。

⑤Paste Mask Layer（锡膏防护层）

它和阻焊层的作用相似，不同的是在机器焊接时对应表面粘贴式元件的焊盘。Protel 99 SE 提供了 Top Paste（顶层）和 Bottom Paste（底层）两个锡膏防护层。

⑥Keep Out Layer（禁止布线层）

禁止布线层用于定义电路板上能够有效放置元件和布线的区域。在该层绘制一个封闭区域作为布线有效区，在该区域外是不能自动布局和布线的。

⑦Silkscreen Layer（丝印层）

丝印层主要用于放置印制信息，如元件的轮廓和标注、各种注释字符等。Protel 99 SE 提供了 Top Overlay 和 Bottom Overlay 两个丝印层。一般各种标注字符都在顶层丝印层，底层丝印层可关闭。

⑧Multi Layer（多层）

电路板上焊盘和穿透式过孔要穿透整个电路板，与不同的导电图形层建立电气连接关系，因此系统专门设置了一个抽象的层——多层。一般焊盘与过孔都要设置在多层上，如果关闭此层，焊盘与过孔就无法显示出来。

⑨Drill Layer（钻孔层）

钻孔层提供电路板制造过程中的钻孔信息（如焊盘、过孔就需要钻孔）。Protel 99 SE 提供了 Drill Gride(钻孔指示图)和 Drill Drawing(钻孔图)两个钻孔层。

在如图 4.35 所示的 Document Options 对话框中,单击 Layers 选项卡,观察每个工作层前都有一个复选框。如果相应工作层前的复选框中被选中,则表明该层被打开,否则该层处于关闭状态。用鼠标左键单击 All On 按钮,将打开所有的层;单击 All Off 按钮,所有的层将被关闭;单击 Used On 按钮,打开常用的工作层。

(2) 层的设置

Protel 99 SE 允许用户通过层堆栈管理器自行定义信号层、内部电源层/接地层和机械层的显示数目。

■ 设置 Signal Layer 和 Internal Plane Layer

执行菜单命令 Design|Layer Stack Manager,可弹出如图 4.37 所示的 Layer Stack Manager(工作层堆栈管理器)对话框。

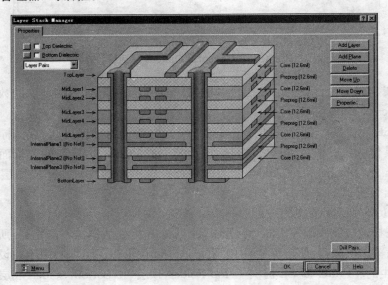

图 4.37　Layer Stack Manager(工作层堆栈管理器)对话框

①添加层的操作

选取 TopLayer,用鼠标单击对话框右上角的 Add Layer(添加层)按钮,就可在顶层之下添加一个信号层的中间层(MidLayer),重复操作可添加 30 个中间层。单击 Add Plane 按钮,可添加一个内部电源/接地层,重复操作可添加 16 个内部电源/接地层。

②删除层的操作

先选取要删除的中间层或内部电源/接地层,单击 Delete 按钮,确认之后,删除该工作层。

③层的移动操作

选取要移动的层,单击 Move Up(向上移动)或 Move Down(向下移动)按钮,可改变各工作层间的上下关系。

④层的编辑操作

选取要编辑的层,单击 Properties(属性)按钮,弹出如图 4.38 所示的 Edit Layer(工作层编辑)对话框,可设置该层的 Name(名称)和 Copper thickness(覆铜厚度)。

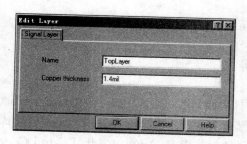

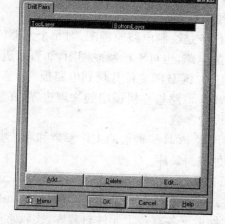

图 4.38 Edit Layer(工作层编辑)**对话框**   **图 4.39   Drill-Pair Manager**(钻孔层管理)**对话框**

⑤钻孔层的管理

单击图 4.37 中右下角的 Drill Pairs 按钮,弹出如图 4.39 所示的 Drill-Pair Manager(钻孔层管理)对话框,其中列出了已定义的钻孔层的起始层和终止层。分别单击 Add、Delete、Edit按钮,可完成添加、删除和编辑任务。

■ 设置 Mechanical layer

执行菜单命令 Desigen|Mechanical Layer,弹出如图 4.40 所示的 Setup Mechanical Layers(机械层设置)对话框,其中已经列出 16 个机械层。单击某复选框,可打开相应的机械层,并可设置层的名称、是否可见、是否在单层显示时放到各层等参数。

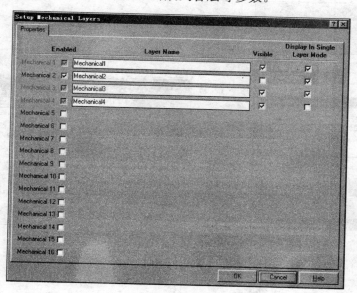

图 4.40 Setup Mechanical Layers(机械层设置)**对话框**

在设置完信号层、内部电源/接地层和机械层后,重新打开如图 4.35 所示的工作层对话框,观察变化。

4) 手工设计 PCB 图流程

（1）绘制电路原理图

主要任务是绘制电路原理图,对每个元器件设置好封装,确定无错误后,生成网络表。对于比较简单的电路,也可不绘制原理图,而直接进入 PCB 设计。

（2）建立 PCB 图文件并规划电路板

主要确定电路板在机械层的物理边界、在禁止布线层的电气边界以及电路板的层数。

（3）设置参数

主要设置 PCB 编辑器的工作参数和系统参数等。

（4）加载封装库

Protel 99 SE 在\Library\Pcb 路径下有三个文件夹,提供 3 类 PCB 元件,即 Connector（连接器元件封装库）、Generic Footprints（普通元件封装库）和 IPC Footprints（IPC 元件封装库）。在三个文件夹下各有若干元件封装库,比较常用的元件封装库有:Advpcb. ddb、DC to DC. ddb、General. ddb 等。加载和移除步骤如下:

①加载操作执行菜单命令 Design|Add/Remove Library;或单击主工具拦的 按钮;或在 PCB 管理器中,单击 Browse PCB 选项卡,在 Browse 下拉列表框中,选择 Libraries（元件封装库）,然后单击框中的 Add/Remove 按钮,如图 4.41 所示。弹出如图 4.42 所示的 PCB Libraries 对话框,在存放 PCB 元件库文件的路径下,选择所需元件库文件名,单击 Add 按钮,被选取的元件库文件立刻添加到图 4.42 下方的 Selected Files 框中,单击 OK 按钮,完成操作。

②移除操作:在图 4.42 中的 Selected Files 框中,选取要移除的 PCB 元件库文件,单击 Remove 按钮。

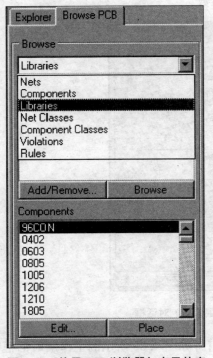

图 4.41　使用 PCB 浏览器加在元件库

图 4.42　PCB Libraries 对话框

（5）装入网络表

网络表是电路原理图设计系统与印刷电路板设计系统的接口，只有正确装入网络表，相应原理图的元器件封装才能加载到 PCB 图中。

操作步骤如下：

①在 PCB 编辑器中，执行菜单命令 Design|Load Nets，将弹出如图 4.43 所示的 Load/Forward Annotate Netlist 对话框。

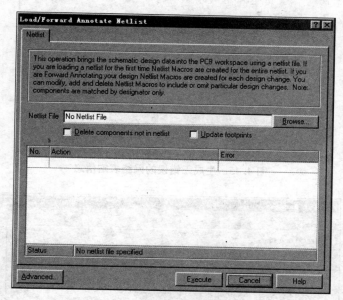

图 4.43　装入网络表对话框

【Netlist File】文本框有两个复选框：

Delete Components not in netlist：是否将网络表中没有的而在当前电路板中存在的元件删除掉。

Update footprint 项：是否自动用网络表内存在的元件封装替换当前电路板上的相同元件封装。

这两个选项适用于原理图修改后的网络表的重新装入。

②在 Netlist File 文本框中输入加载的网络表文件名。如果不知道网络表文件的位置，单击 Browse 按钮，将弹出如图 4.44 所示的选择网络表文件对话框。在该对话框中，利用右上方的 Add 按钮，找到网络表所在的设计数据库文件路径和名称。在正确选取 Scb. net 文件后，单击 OK 按钮，系统开始自动生成网络宏（Netlist Macros），并将其在装入网络表的对话框中列出，如图 4.45 所示。

③如果想查看网络表所生成的宏，可以双击图

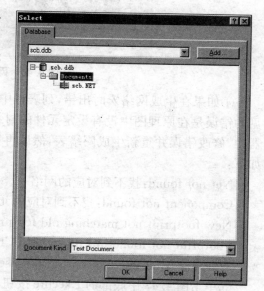

图 4.44　选择网络表文件对话框

4.45 列表中的对象，在弹出的如图 4.46 所示的网络表宏属性对话框中，进行宏的添加、移除和修改。

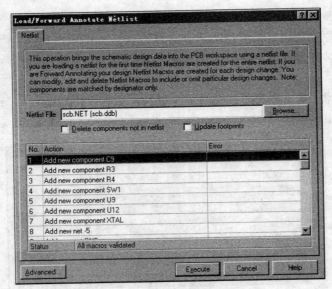

图 4.45　生成无错误的网络表宏信息

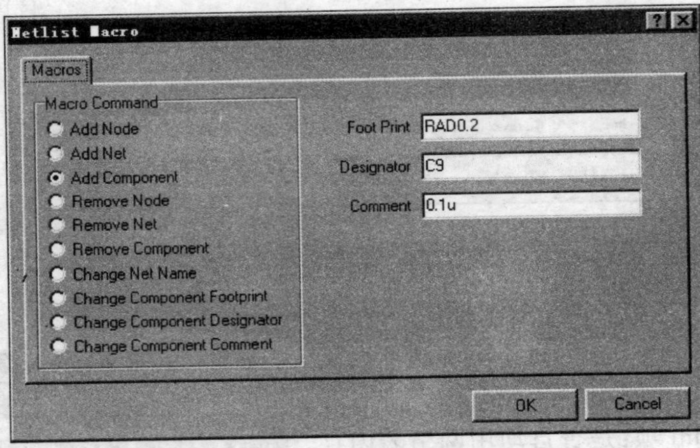

图 4.46　网络表宏属性对话框

④如果在生成网络宏时出错,列表框中 Error 列会显示出错误信息,如图 4.47 所示。常见的错误是在原理图中没有设定元件的封装,或者封装不匹配,此时应该返回到原理图编辑器中,修改错误并重新生成网络表,然后再切换到 PCB 文件中进行操作。常见的宏错误信息如下:

Net not found:找不到对应的网络。

Component not found:找不到对应的元件。

New footprint not matching old footprint:新的元件封装与旧的元件封装不匹配。

Footprint not found in Library:在 PCB 元件库中找不到对应元件的封装。

Warning Alternative footprint xxx used instead of:警告信息,用 xxx 封装替换。

⑤单击图 4.47 中底部的 Execute 按钮,完成网络表和元件的装入。装入的元件重叠在电路板的电气边界内,元件与连线都用绿色表示,元件管脚之间的电气连接线为飞线。

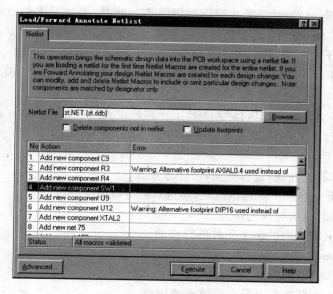

图 4.47　有错误的网络表宏信息

（6）手工布局

上述步骤虽然将元件放置到电路板上，但元件的位置未必合理，元件的排列未必整齐美观，所以有必要对某些元件的位置进行调整，主要操作包括元件的排列、移动和旋转等操作。

- 块选取元件

系统提供了块选取对象和释放对象的命令。可选取的对象包括元件、导线、焊板、过孔、和字符串等。选取对象的菜单命令为 Edit|Select；释放对象的的菜单命令为 Edit|Deselect。Edit|Select 子菜单下包含多种命令，功能如下：

Inside Area：选取用鼠标拖动出来的矩形区域中的所有对象。

Outside Area：选取用鼠标拖动出来的矩形区域外的所有对象。

All：选取电路板中的所有对象。

Net：选取组成某网络的对象。

Connected Copper：选取连接为通路的铜，包括铜膜导线、焊盘和过孔等。

Physical Connection：选取连接焊盘的导线和过孔。执行该命令后，用光标单击两个焊盘之间的连线即可。

All On Layer：选定当前工作层上的所有对象。

Free Objects：选取除元件以外的所有对象。

All Locked：选取所有被锁定的对象。

Off Grid Pads：选取所有不在电气栅格上的焊盘。

Hole Size：选取指定内孔直径的焊盘和过孔。

Toggle Selection：执行命令后，用光标单击某个对象，则该对象会在选取状态和非选取状态之间切换。

Edit|Deselect 中的命令与 Edit|Select 中的功能相反，操作方法一样。

- 移动元件

执行菜单命令 Edit|Move|Component，光标变为十字形，在要移动的元件上单击鼠标左

键,元件将随鼠标一起移动,然后单击鼠标左键确定。此时,仍处于移动命令状态,可移动另一个元件。单击鼠标右键,结束命令状态。

在 Edit|Move 子菜单下,还有若干子命令。

Move:单纯地移动一个元件。使用该命令,只移动元件本身,与元件相连的其他对象,如导线等则不动。

Drag:拖动元件。该命令的执行与 PCB 工作参数设置对话框 Options 选项卡中的 Component Drag 设置有关。

Component:移动元件。

Re-Route:对选取的导线,进行拖动,可任意走线。

Break Track:折断导线。执行该命令,将选取的导线分为两段。

Drag Track End:拖动导线的端点。

Move Selection:将选取的多个元件进行移动。

Rotate Selection:旋转选取的对象。

Flip Selection:将选取的对象翻转 $180°$。

Polygon Vertices:更改多边形平面填充的顶点。

Split Plane Vertices:更改内部电源/接地层的顶点。

● 旋转元件

当有些元件的方向需要调整时,要对元件进行旋转操作。

第一种方法:将光标移到要旋转的元件上,按住鼠标左键不放,同时按下空格键(或 X 键、或 Y 键),即可旋转被选取元件的方向。使用空格键每次旋转的角度,可在 PCB 工作参数设置对话框 Option 选项卡的 Rotation Step 文本框中设置。

第二种方法:使用菜单命令 Edit|Move| Rotate Selection。

①选取需要旋转的对象。

②执行 Edit|Move|Rotate Selection 命令,在弹出的对话框中输入旋转的角度,单击 OK 按钮。

③在元件上单击鼠标左键,则选取的元件就旋转了设定的角度。

● 排列元件

与原理图编辑器一样,在 PCB 编辑器中,系统也提供了元件排列对齐功能,可以在如图 4.48所示的元件位置调整工具栏(Component Placement)中,单击相应的图标;或执行菜单命令 Tools|Interactive Placement 的子菜单中的命令来实现,如图 4.49 所示。

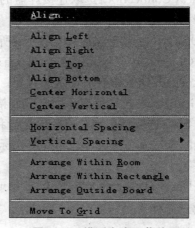

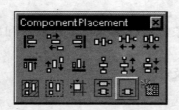

图 4.48　元件位置调整工具栏　　　　　　　　图 4.49　排列方式子菜单

①Tools|Interactive Placement 子菜单中的命令和功能

【Align(对齐)】对应元件位置调整工具栏的 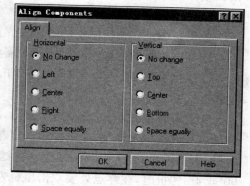 按钮。执行该命令,弹出对齐元件对话框,框中列出了多种对齐方式,如图 4.50 所示。对话框中各选项功能如下:

Left:将选取的元件与最左边的元件对齐。相应的工具栏按钮 。

Right:将选取的元件与最右边的元件对齐。相应的工具栏按钮 。

图 4.50　对齐元件对话框

Center(Horizontal):将选取的元件按元件的水平中心线对齐。相应的工具栏按钮 。

Space equally(Horizontal):将选取的元件作水平平铺。对应工具栏按钮 。

Top:将选取的元件与最上面的元件对齐。相应的工具栏按钮 。

Bottom:将选取的元件与最下面的元件对齐。相应的工具栏按钮 。

Center(Vertical):将选取的元件按元件的垂直中心线对齐。相应的工具栏按钮 。

【Horizontal Spacing】:该子菜单中有 3 个命令选项。

Make Equal:将选取的元件水平平铺。相应的工具栏按钮为 。

Increase:将选取的元件的水平间距增大。相应的工具栏按钮为 。

Decrease:将选取的元件的水平间距减小。相应的工具栏按钮为 。

【Vertical Spacing】:该子菜单有 3 个命令选项。

Make Equal:将选取的元件垂直平铺。相应的工具栏按钮为 。

Increase:将选取的元件的垂直间距增大。相应的工具栏按钮为 。

Decrease:将选取的元件的垂直间距减小。相应的工具栏按钮为 。

【Arrange Within Room】:将选取的元件在一个空间定义内部排列。相应的工具栏按钮为 。

【Arrange Within Rectangle】:将选取的元件在一个矩形内部排列。相应的工具栏按钮为 。

【Arrange Outside Board】:将选取的元件在一个 PCB 的外部进行排列。

【Move To Grid】:将选取的元件移到栅格上。执行该命令后,在弹出的对话框中,根据实际需要输入栅格值。相应的工具栏按钮为 。

(7) 调整元件标注

元件标注字符的位置、大小和方向等不合适,将影响电路板的美观。所以,在布局和布线结束之后,要对元件的标注字符进行调整。调整的原则是标注要尽量靠近元件,以指示元件的位置;标注的方向尽量统一,排列有序;标注不要放在元件的下面,焊盘和过孔的上面;标注大小调整。调整元件标注的方法有以下几种:

第一种方法:将光标移到要调整的元件标注上,按住鼠标左键不放。这时,可用 X 键、Y 键和空格键对它进行旋转操作,也可移动光标到合适的位置,松开左键,完成标注的方向和位置调整。

第二种方法:用鼠标左键双击要调整的标注,或单击鼠标右键,从弹出的快捷菜单中选择 Properties 命令,系统弹出该标注的属性对话框,从中可完成标注的内容、大小、字体和位置等的调整。

（8）手工布线

手工布线是在相应的层的各元件焊盘间按连接关系放置导线。其操作步骤如下：

①将电路板的当前工作层切换为需要布线的层。

②执行菜单命令 Place|Line，或单击放置工具栏的 ▤ 按钮。一般手工布线不再区分导线和连线。

③放置直线时，当光标变成十字形，将光标移到导线的起点焊盘，出现一个空心八角形，说明形成有效的电气连接，单击左键确定起点；将光标移到导线的终点焊盘，当出现空心八角形的时候，再单击鼠标左键，一条导线就被绘制出来。放置折线与放置直线不同的是，当导线出现 90°或 45°转折时，在终点处要双击鼠标左键。在布线过程中，需要转角时，按下 Shift＋空格键进行不同转角模式的切换。如要取消前一段导线，按 BackSpace 键。

④单击鼠标右键，结束放置导线命令状态。

（9）文件的保存及输出

将绘制好的 PCB 图保存在磁盘上，然后利用打印机或绘图仪输出；也可利用 E-mail 将文件直接传给生产厂家进行加工生产。

4.2.3　实践训练

1）训练任务

根据如图 4.51 所示电路原理图，手工绘制一块单层电路板图。电路板长 2 000 mil，宽 1 800 mil。根据表 4.2 提供的元件封装并参照图 4.52 进行手工布局。调整布局后在底层进行手工布线，其中＋V_{CC} 网络和 GND 网络布线宽度为 30 mil，其他布线宽度为 15 mil。布线结束后，调整元件标注字符的位置，使其整齐美观；在元件 JP 的 1、2、3 和 4 脚旁分别添加 GND、＋V_{CC}、OUT 和 IN 四个字符串。

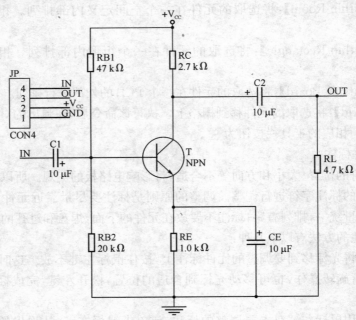

图 4.51　电路图

表 4.2　元件一览表

元件 标号	元件名称	元件所在 SCH 库	元件封装	元件所属 PCB 元件库
RB1	RES2	Miscellaneous Devices. ddb	AXIAL0. 4	Advpcb. ddb
RB2	RES2	Miscellaneous Devices. ddb	AXIAL0. 4	Advpcb. ddb
RE	RES2	Miscellaneous Devices. ddb	AXIAL0. 4	Advpcb. ddb
RC	RES2	Miscellaneous Devices. ddb	AXIAL0. 4	Advpcb. ddb
RL	RES2	Miscellaneous Devices. ddb	AXIAL0. 4	Advpcb. ddb
C1	ELECTR01	Miscellaneous Devices. ddb	RB. 2/. 4	Advpcb. ddb
C2	ELECTR01	Miscellaneous Devices. ddb	RB. 2/. 4	Advpcb. ddb
CE	ELECTR01	Miscellaneous Devices. ddb	RB. 2/. 4	Advpcb. ddb
T	NPN	Miscellaneous Devices. ddb	TO-5	Advpcb. ddb
JP	CON4	Miscellaneous Devices. ddb	SIP4	Advpcb. ddb

2）步骤指导

（1）建立原理图文件并按照图 4.51 和表 4.2 绘制原理图，如图 4.52 所示，创建的网络表如图 4.53 所示。

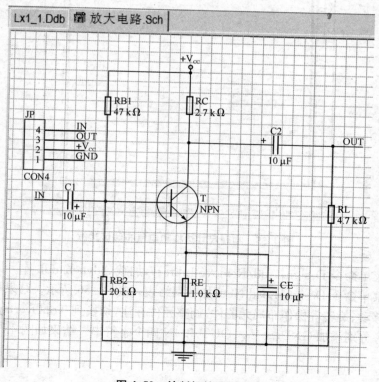

图 4.52　绘制好的原理图

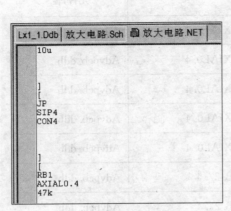

图 4.53　生成的网络表文件

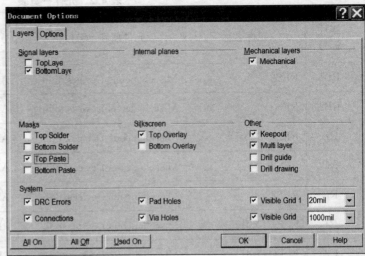

图 4.54　层和系统参数设置

（2）建立原理图文件。考虑到电路比较简单，设计成单面 PCB，层和系统参数按图 4.54 设置。

分别在机械层和禁止布线层绘制如图 4.55 所示的物理尺寸边框和电气布线区边框。

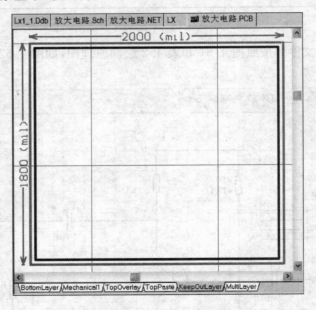

图 4.55　物理尺寸边框和电气布线区边框

（3）执行菜单命令 Design | Add/Remove Library，加载 Advpcb. ddb 库。

（4）执行菜单命令 Design | Load Nets 加载网络表，如图 4.56 所示。结果如图 4.57 所示。

（5）通过移动、旋转等操作布局元器件，调整元件标注，切换到 TopOverlayer，在元件 JP 的 1、2、3 和 4 脚旁分别添加 GND、＋V$_{CC}$、OUT 和 IN 四个字符串。结果如图 4.58 所示。

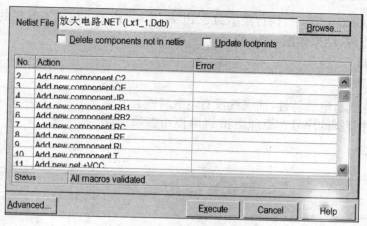

图 4.56 加载网络表

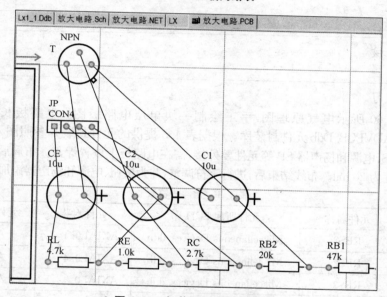

图 4.57 加载网络表后的结果

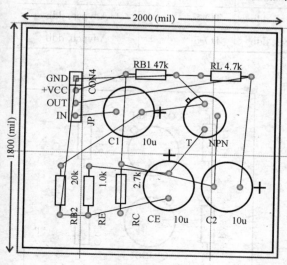

图 4.58 布局后的结果

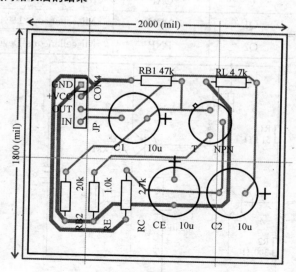

图 4.59 布线后的结果

（6）切换到 Bottom Layer，执行菜单命令 Place|Line；或单击放置工具栏的按钮，按照飞线所示放置导线或连线，结果如图 4.59 所示。

（7）保存文件。

3）重点提示

（1）导线和连线有电气特性，而飞线没有电气特性。

（2）同一元件管脚的序号在原理图和 PCB 图中必须一致。

4）训练体会

_____

_____

_____

_____

_____ 。

5）结果考核

_____ 。

6）思考练习

根据如图 4.60 所示电气原理图，手工绘制一块单层电路板图。电路板长 1 450 mil，宽 1 140 mil，加载 ADVPCB. Ddb 元件封装库。根据表 4.3 提供的元件封装并参照图 4.61 进行手工布局，其中按钮 S、电源和扬声器 SP 等元件要外接，需在电路板上放置焊盘。布局后在底层进行手工布线，布线宽度为 20 mil。布线结束后，进行字符调整，并为按钮、电源和扬声器添加标识字符。

表 4.3　元件一览表

元件标号	元件名称	元件所属 SCH 库	元件封装	元件所属 PCB 库
R1	RES2	Miscellaneous Devices. ddb	AXIAL0. 4	Advpcb. ddb
R2	RES2	Miscellaneous Devices. ddb	AXIAL0. 4	Advpcb. ddb
R3	RES3	Miscellaneous Devices. ddb	AXIAL0. 4	Advpcb. ddb
C	CAP	Miscellaneous Devices. ddb	RAD0. 1	Advpcb. ddb
Q1	NPN	Miscellaneous Devices. ddb	TO-5	Advpcb. ddb
Q2	PNP	Miscellaneous Devices. ddb	TO-5	Advpcb. ddb

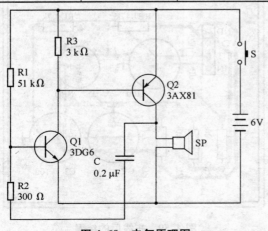

图 4.60　电气原理图

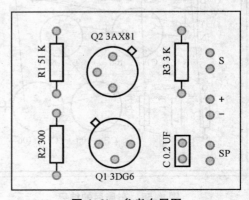

图 4.61　参考布局图

4.3 PCB 设计提高

4.3.1 知识点

PCB 文件创建向导;自动布局与布线;设计规则;PCB 图打印;PCB 设计与制作过程。

4.3.2 知识点分析

1) PCB 文件创建向导

在进行 PCB 图设计时,PCB 文件的建立可以通过执行菜单命令 File|New,在弹出的 New Document (新建设计文档)对话框中,选取其中的 PCB Document 图标方法创建 PCB 文件。也可以采用 PCB 文件创建向导创建,这种方法创建的 PCB 文件可以迅速生成布线区、物理边框、标注尺寸等内容,还可以方便的创建各种标准规格 PCB。

采用 PCB 文件创建向导创建 PCB 文件的具体操作步骤如下:

①执行 File|New 命令,在弹出的对话框中选择 Wizards 选项卡,如图 4.62 所示。

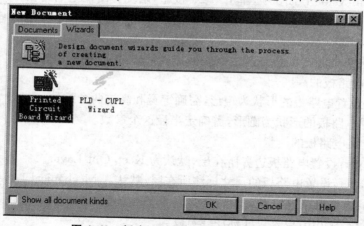

图 4.62 新建 PCB 文件的 Wizards 选项卡

②选择 Print Circuit Board Wizard(印刷电路板向导)图标,单击 OK 按钮,将弹出如图4.63 所示的对话框。

图 4.63 电路板向导

③单击 Next 按钮,将弹出如图 4.64 所示的选择预定义标准板对话框。在列表框中可以选择系统已经预先定义好的板卡的类型。如选择 Custom Made Board,则设计作者自行定义电路板的尺寸等参数。选择其他选项,则直接采用现成的标准板。

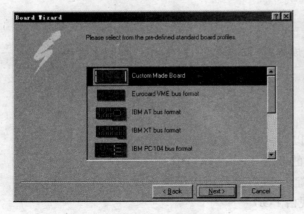

图 4.64 选择电路板模板

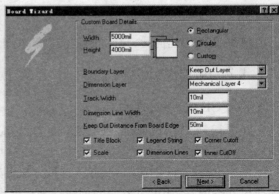

图 4.65(a) 自定义电路板的参数设置

④选择 Custom Made Board 项,单击 Next 按钮,系统弹出设定电路板相关参数的对话框,如图 4.65(a)所示。

【Custom Board Details】具体参数设置如下:

Width:设置电路板的宽度。

Height:设置电路板的高度。

Rectangular:设置电路板的形状为矩形,需确定宽和高这两个参数。

Circular:设置电路板的形状为圆形,需确定半径这个参数。

Custom:自定义电路板的形状。

Boundary Layer:设置电路板边界所在层,默认为 Keep Out Layer。

Dimension Layer:设置电路板的尺寸标注所在层,默认为 Mechanical Layer 4。

Track Width:设置电路板边界走线的宽度。

Dimension Line Width:设置尺寸标注线宽度。

Keep Out Distance From Board Edge:设置从电路板物理边界到电气边界之间的距离尺寸。

Title Block:设置是否显示标题栏。

Legend String:设置是否显示图例字符。

Dimension Lines:设置是否显示电路板的尺寸标注。

Corner Cutoff:设置是否在电路板的四个角的位置开口。该项只有在电路板设置为矩形板时才可设置。

Inner CutOff:设置是否在电路板内部开口。该项只有在电路板设置为矩形板时才可设置。

Scale:设置是否显示刻度尺。当 Title 和 Scale 两个复选框同时无效时,将不再显示标题栏和刻度尺。

设置完成后,系统将弹出几个有关电路板尺寸参数设置的对话框,对所定义的电路板的形状、尺寸加以确认或修改,如图 4.65(b)和 4.65(c)所示。

设置完毕,如果在图 4.65(a)中的 Title Block 项被选中,系统将弹出如图 4.66 所示的对话框,可输入电路板的标题块中的信息,包括 Design Title(设计名称)、Company Name(公司名称)、PCB Part Number(电路板编号)、First Designers Name(第一设计者姓名)和 Contact Phone(联系电话)、Second Designers Name(第二设计者姓名)和 Contact Phone(联系电话)。

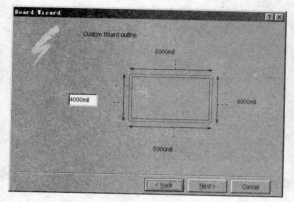

图 4.65(b) 对电路板的边框尺寸进行设置

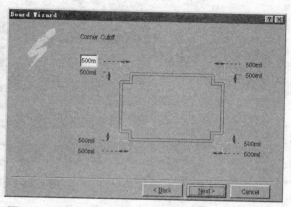

图 4.65(c) 对电路板的四个角的开口尺寸进行设置

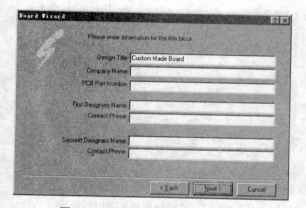

图 4.66 输入标题块中的有关信息

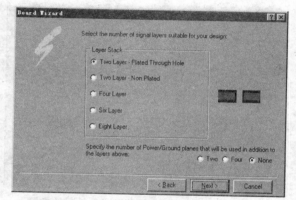

图 4.67 设置信号层的层数及类型等参数

⑤单击 Next 按钮,将弹出如图 4.67 所示对话框,可设置信号层的数量和类型,以及电源/接地层的数目。

【Layer Stack】各项含义如下:

Two Layer-Plated Through Hole:两个信号层,过孔电镀。

Two Layer-Non Plated:两个信号层,过孔不电镀。

Four Layer:4 层板。

Six Layer:6 层板。

Eight Layer:8 层板。Specify the number of Power/Ground plates that will be used in addition to the layers above:选取内部电源/接地层的数目,包括 Two(两个内部层)、Four(四个内部层)和 None(无内层)。注意,该电路板向导不支持单层板。

⑥单击 Next 按钮,将弹出如图 4.68 所示的对话框,可设置过孔的类型(穿透式过孔、盲过孔和隐藏过孔)。对于双层板,只能使用穿透式过孔。

⑦单击 Next 按钮,将弹出如图 4.69(a)所示的对话框,可根据实际电路选择设置针脚式元件和表面粘贴式元件哪一个较多。

如选择表面粘贴式元件(Surface-mount components),还要设置元件是否在电路板的两面放置,如图 4.69(a)所示;如选择针脚式元件(Through-hole components),还要设置在两个焊盘

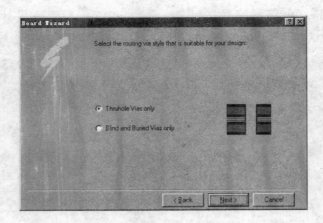

图 4.68　设置过孔类型

之间穿过导线的数目,如图 4.69(b)所示,有 One Track、Two Track 和 Three Track 三个选项。

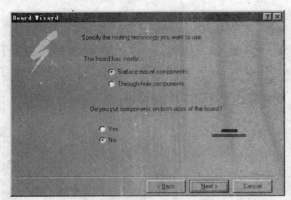

图 4.69(a)　选择表面粘贴式元件时的设置

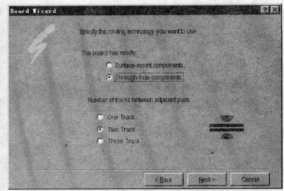

图 4.69(b)　选择针脚式元件时的设置

⑧单击 Next 按钮,将弹出如图 4.70 所示的对话框,可设置最小的导线宽度、最小的过孔尺寸和相邻走线的最小间距。这些参数都会作为自动布线的参考数据。设置参数如下:

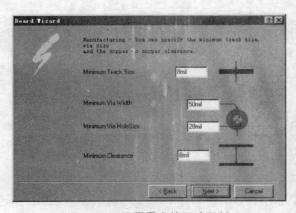

图 4.70　设置最小的尺寸限制

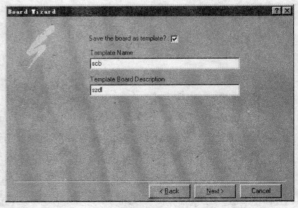

图 4.71　保存为模板文件

Minimum Track Size:设置最小的导线尺寸。

Minimum Via Width:设置最小的过孔外径直径。

Minimum Via HoleSize:设置过孔的内径直径。

Minimum Clearance：设置相邻走线的最小间距。

⑨单击 Next 按钮，弹出是否作为模板保存的对话框，如图 4.71 所示。如果选择此项，再输入模板名称和模板的文字描述。

⑩单击 Next 按钮，弹出完成对话框，单击 Finish 按钮结束生成电路板的过程，如图 4.72 所示，该电路板已经规划完完毕，PCB 文件也创建完毕。

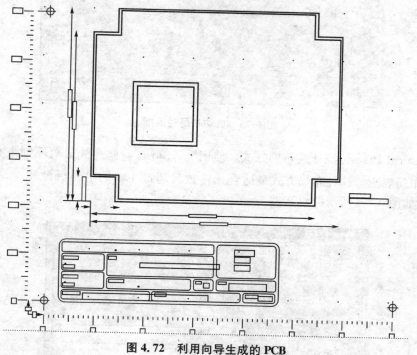

图 4.72 利用向导生成的 PCB

2）自动布局与布线

（1）自动布局

元器件的布局既可以采用完全手工的方法完成，也可以利用 PCB 编辑器中的自动布局的方法来实现，一般来说，先采用自动布局的方法进行初步布局，然后采用手工的方法进行精确调整，使电路板设计的更加合理。

自动布局的步骤如下：

①在自动布局之前，执行菜单命令 Edit|Origin|Reset，恢复原点为绝对原点。

②执行菜单命令 Tools|Auto Placement|Auto Placer。

③执行命令后，系统弹出如图 4.73 所示的自动布局对话框。对话框中显示了两种自动布局方式，每种方式所使用的计算和优化元件位置的方法不同，介绍如下：

● Cluster Placer：群集式布局方式。根据元件的连通性将元件分组，然后使其按照一定的几何位置布局。这种布局方式适合于元件数量较少（小于 100）的电路板设计。其设置对话框如图 4.73 所示，在下方有一个 Quick Component Placement 复选框，选取它，布局速度较快，但不能得到最佳布局效果。

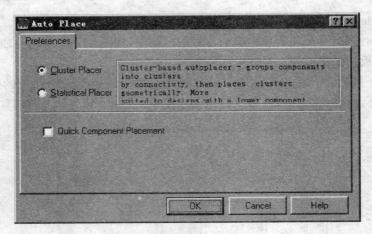

图 4.73　自动布局对话框

● Statistical Placer：统计式布局方式。使用统计算法，遵循连线最短原则来布局元件，无需另外设置布局规则。这种布局方式最适合元件数目超过 100 的电路板设计。如选择此布局方式，将弹出如图 4.74 所示的对话框。

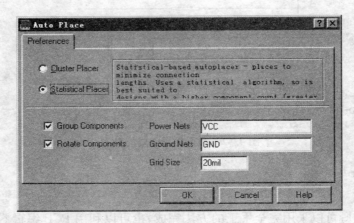

图 4.74　全局元件布局器

各选项的含义介绍如下：

Group Components 复选框：将当前网络中连接密切的元件合为一组，布局时作为一个整体来考虑。建议如果电路板上没有足够的面积，就不要选取该项。

Rotate Components 复选框：根据布局的需要将元件旋转。

Power Nets 文本框：在该文本框输入的网络名将不被列入布局策略的考虑范围，这样可以缩短自动布局的时间，电源网络就属于此种网络。在此输入电源网络名称。

Ground Nets 文本框：其含义同 Power Nets 文本框。在此输入接地网络名称。

Grid Size：设置自动布局时的栅格间距。默认为 20 mil。

采用统计式布局方式，它不是直接在 PCB 文件上运行，而是打开一个临时布局窗口（生成一个 Place1. Plc 的文件）。当出现一个标有 Auto-Place is Finished 的信息框时，单击 OK 按钮，将出现如图 4.75 所示的 Design Explorer 对话框，

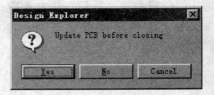

图 4.75　Design Explorer 对话框

提示是否将自动布局的结果更新到 PCB 文件中。单击 Yes 按钮,更新后系统返回到 PCB 文件窗口。

(2) 自动布线

单击主菜单 Auto Route,或按下快捷键 A,都可弹出如图 4.76 所示的菜单。菜单中的命令可设置自动布线的方法和启停控制。各命令的含义介绍如下:

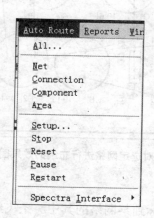

图 4.76 自动布线命令

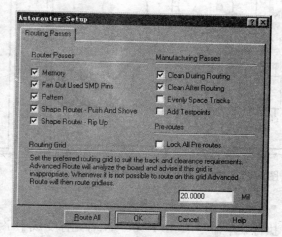

图 4.77 自动布线器设置对话框

- 全局布线(All)

进行全局布线的操作步骤如下:

①执行菜单命令 Auto Route|All,可对整个电路板进行自动布线。

②执行命令后,系统弹出如图 4.77 所示的自动布线设置对话框。

通常,不用过多了解图中的各个选项的功能,采用对话框中的默认设置,就可实现自动布线。下面对三个没被选取的复选框的功能作简要说明。

Evenly Space Tracks:选取该复选框,则当集成电路的焊盘间仅有一条走线通过时,该走线将由焊盘间距的中间通过。

Add Testpoints:选取该复选框,将为电路板的每条网络线都加入一个测试点。

Lock All Pre-routes:选取该项,在自动布线时,可以保留所有的预布线。

③设置完毕后,单击 Route All 按钮,系统开始对电路板进行自动布线。布线结束后,弹出一个自动布线信息对话框,如图 4.78 所示,显示布线情况,包括布通率、完成布线的条数、没有完成的布线条数和花费的布线时间。

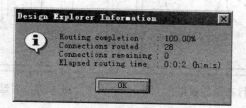

图 4.78 布线信息对话框

采用全局布线后的布线效果如图 4.79 所示。

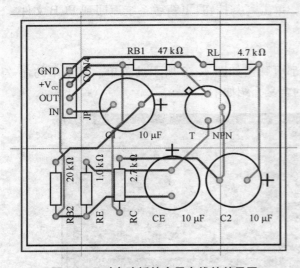

图 4.79　对电路板的全局布线的效果图

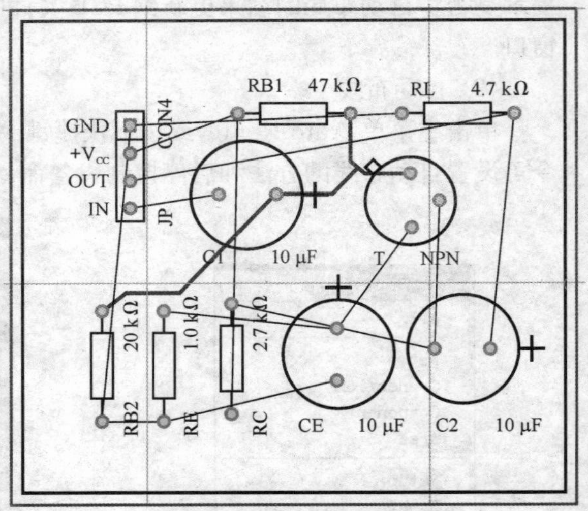

图 4.80　对选定网络进行布线的效果图

- 对选定网络进行布线(Net)

执行菜单命令 Auto Route|Net,光标变成十字形。移动光标到某网络的其中一条飞线上,单击鼠标左键,对这条飞线所在的网络进行布线。效果如图 4.80 所示。

- 对选定飞线进行布线(Connection)

执行菜单命令 Auto Route| Connection,光标变成十字形,移动光标到要布线的飞线上,单击鼠标左键,仅对该飞线进行布线,而不是对该飞线所在的网络布线。布线效果如图 4.81 所示。

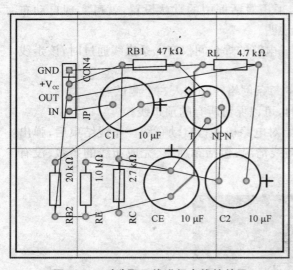

图 4.81　对选取飞线进行布线的效果

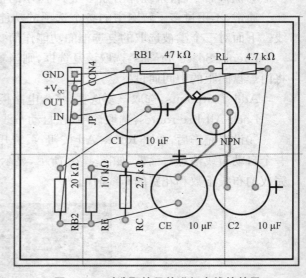

图 4.82　对选取的元件进行布线的效果

- 对选定元件进行布线(Component)

执行菜单命令 Auto Route|Component,光标变成十字形,在要布线的元件(如 T)上单击鼠标左键,可以看到与 T 有关的导线已经布完。效果如图 4.82 所示。

- 对选定区域进行布线(Area)

执行菜单命令 Auto Route|Area,光标变成十字形,在电路板上选定一个矩形区域后,系统自动对这个区域进行布线。从图 4.83 可以看出,区域内包含的 C1 和 T 两个元件完成了全部布线操作。

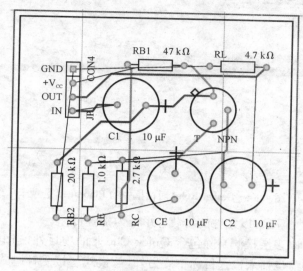

图 4.83　对指定区域进行布线的效果

- 其他布线命令

Stop:停止自动布线过程。

Reset:对电路重新布线。

Pause:暂停自动布线过程。

Restart:重新开始自动布线过程。与 Pause 命令相配合。

对于比较简单的电路,自动布线的布通率可达 100%,如果布通率没有达到 100%,设计者一定要分析原因,拆除所有布线,并进一步调整布局,再重新自动布线,最终使布通率达到100%。如果仅有少数几条线没有布通,也可以采用放置导线命令,手工布线。

3) 设计规则

无论是自动布局还是自动布线,都是在一定的设计规则下进行的,在 PCB 编辑器下,执行菜单命令 Design|Ruler,将弹出如图 4.84 所示的 Design Ruler(设计规则)对话框。

(1) 元件布局设计规则

单击 Placement 选项卡,可对元件布局设计规则进行设置,如图 4.84 所示,它只适合于Cluster Placer 自动布局方式。

图中的 Ruler Classes(规则分类)栏中包含电路板中有关元件布局方面的一些规则,右方区域和下方区域分别是 Ruler Classes 栏处于选取状态设计规则的说明信息和包含的具体内容。下面我们介绍 Ruler Classes 栏中列出的五类规则的具体含义。

- Component Clearance Constraint(元件间距临界值)规则

用于设置元件之间的最小间距,在默认状态下,设计规则列表中已经存在一条设计规则,如图 4.84 所示,单击右下角的 Properties(属性)按钮,弹出如图 4.85 所示的 Component Clearance 设置对话框。在 Gap(间隙)文本框输入元件间距设定值,默认值为 10 mil。在 Check Mode(检测模式)的下拉框中选择检测模式,包括三种检测模式,具体功能如下:

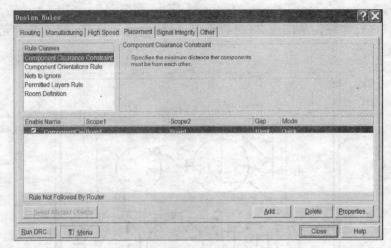

图 4.84 Design Ruler 对话框中的 Placement 选项卡

Quick Check(快速检测):以元件的封装外形框为检查目标。

Multi Layer Check(多层检测):除包含 Quick Check 的项目外,当电路板为双面放置元件时,把针脚式元件的焊盘也列入检查目标中。另外,该模式还接受针脚式元件与表面粘贴式元件的混合式设计。

Full Check(完全检测):当电路板中有很多圆形或不规则形状的元件时使用。

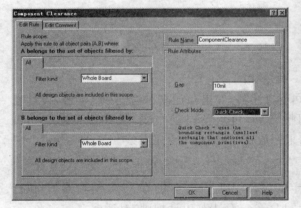

图 4.85 Component Clearance 设置对话框

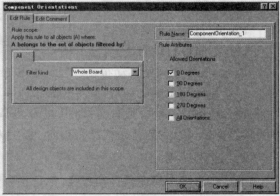

图 4.86 元件放置方向对话框

• Component Orientations Rule(元件放置角度)规则

用于设置布置元件时的放置角度。在图 4.84 中的规则类别框中选取 Component Orientations Rule 项,单击右下角的 Add 按钮,弹出如图 4.86 所示的元件放置方向对话框,可选的方向包括 0°、90°、180°、270°和任意角度。

• Nets to Ignore(网络忽略)规则

用于设置在利用 Cluster Placer 方式进行自动布局时,应该忽略哪些网络走线造成的影响,这样可以提高自动布局的速度与质量。在图 4.84 中的规则类别框中选取 Nets to Ignore 项,单击 Add 按钮,弹出如图 4.87 所示的 Net to Ignore 对话框,从 Filter kind 下拉列表框中选择 Net 选项,在 Net 下拉框中选择忽略的网络。一般将接地和电源网络忽略掉。

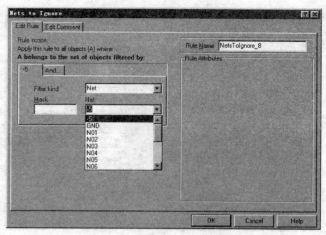

图 4.87 Net to Ignore 对话框

• Permitted Layers Rule(允许元件放置层)规则

用于设置允许元件放置的电路板层。在图 4.84 中的规则类别框中选取 Permitted Layers Rule 项,单击 Add 按钮,弹出如图 4.88 所示的 Permitted Layers 对话框。在左边的 Filter kind 下拉列表框选择用于该规则的适用范围,右边栏中的 Top Layer 和 Bottom Layer 复选框用于设置是否允许在顶层和底层放置元件。

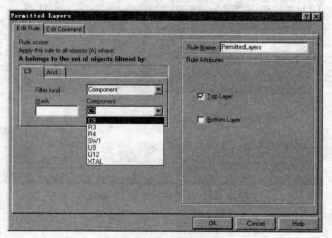

图 4.88 Permitted Layer Ruler 对话框

• Room Definition(定义房间)规则

用于设置定义房间的规则。在图 4.84 中的规则类别框中选取 Room Definition 项,单击 Add 按钮,弹出如图 4.89 所示的 Room Definition 对话框。在 Ruler Attribute 选项区设置房间的范围,在 x1,y1 文本框中指定房间的顶点坐标,在 x2,y2 文本框中指定房间的顶点对角点的坐标。在下边的第一个下拉列表框设置适用的层,默认为顶层。第二个下拉框中有两个选项,Keep Objects Inside(将对象限制在房间的内部)和 Keep Objects Outside(将对象限制在房间的外部)。

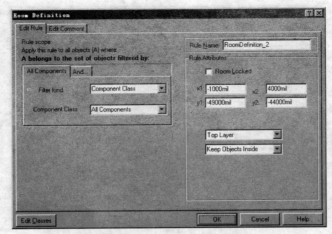

图 4.89　Room Definition 对话框

（2）自动布线规则

单击 Routing 选项卡，进入自动布线规则，如图 4.90 所示。单击 Add 按钮，可添加新的规则；单击 Properties 按钮，可查看已存在规则的属性。

各项自动布线规则的设置如下：

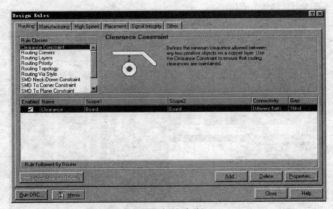

图 4.90　设置布线参数（Routing）

- Clearance Constraint（设置安全间距）

安全间距用于设置同一个工作层上的导线、焊盘、过孔等电气对象之间的最小间距。如图 4.91 所示的 Clearance Rule 设置对话框中，设置内容包括两部分：

Rule Scope（规则的适用范围）：一般情况下，指定该规则适用于整个电路板（Whole Board）。

Rule Attributes（规则属性）：用来设置最小间距的数值（如 10 mil）及其所适用的网络，包括 Different Nets Only（仅不同网络）、Same Net Only（仅同一网络）和 Any Net（任何网络）。

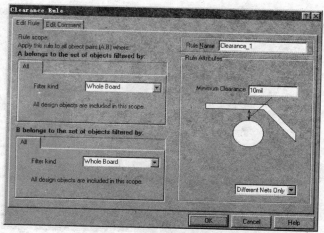

图 4.91 设置安全间距对话框

- Routing Corners（设置布线的拐角模式）

该项规则主要用于设置布线时拐角的形状及拐角走线垂直距离的最小和最大值。在如图 4.92 所示的 Routing Corners Rule 对话框中，在 Style 下拉框中，有 3 种拐角模式可选，即 45 Degrees（45 度角）、90 Degrees（90 度角）和 Round（圆角）。系统中已经使用一条默认的规则，名称为 RoutingCorners，适用于整个电路板，采用 45 度拐角，拐角走线的垂直距离为 100 mil。

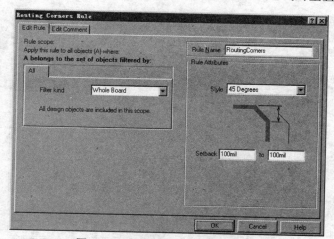

图 4.92 布线拐角模式设置对话框

- Routing Layers（设置布线工作层）

该项规则用于设置布线的工作层及在该层上的布线方向。如图 4.93 所示的布线工作层对话框，在右侧的列表框中列出了 32 个信号层。我们在前面已经设置了顶层和底层两个工作层为布线层，所以在图中只有顶层和底层有效，其他层为灰色无效。各个层右边的下拉框中列出了布线方向，包括 Horizontal（水平方向）、Vertical（垂直方向）、Any（任意方向）等共十种。例如，顶层设置为水平方向，表示该工作层布线以水平为主；底层设置为垂直方向，表示该工作层布线以垂直为主。无论如何设置，双层板的顶层与底层的布线方向必须相反，否则电路板会产生分布电容效应。如果是单层布线，可以设置顶层为 Not Used，底层的布线方向为 Any。双层板布线时，一般顶层为水平方向布线，底层为垂直方向布线。

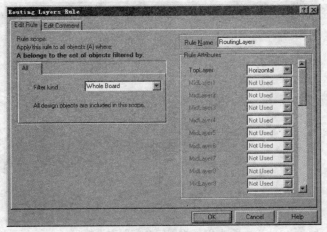

图 4.93　布线工作层设置对话框

- Routing Priority（设置布线优先级）

该项规则用于设置各布线网络的优先级（布线的先后顺序）。系统共提供了 0～100 共 101 个优先级，数字 0 代表优先级最低，数字 100 代表优先级最高。如图 4.94 所示的布线优先级设置对话框中，在 Routing Attribute 选项区域的 Routing Priority 框中设置优先级。一般采用默认设置即可。

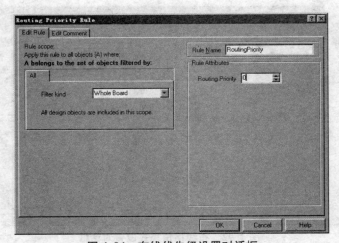

图 4.94　布线优先级设置对话框

- Routing Topology（设置布线的拓扑结构）

该项规则用来设置布线的拓扑结构。拓扑结构是指以焊盘为点，以连接各焊盘的导线为线，则点和线构成的几何图形称拓扑结构。在 PCB 中，元件焊盘之间的飞线连接方式称为布线的拓扑结构。在如图 4.95 所示的布线拓扑结构设置对话框中，在 Routing Attribute 的下拉框中有 7 种拓扑结构可供选择，如 Shortest（最短连线）、Horizontal（水平连线）、Vertical（垂直连线）等。系统默认的拓扑结构为 Shortest。

另外，执行菜单命令 Design|From-To Editor，可以自行定义和修改布线的拓扑结构。

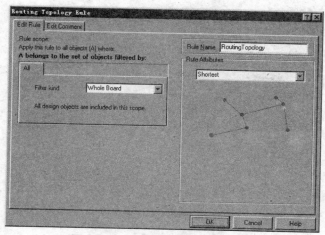

图 4.95 布线拓扑结构设置对话框

- Routing Via Style(设置过孔类型)

该项规则用于设置过孔的外径(Diameter)和内径(Hole Size)的尺寸。在如图 4.96 所示的过孔类型设置对话框中,在 Rule Attributes 选项区域,设置过孔的外径和内径的 Min(最小值)、Max(最大值)和 Preferred(首选值)。首选值用于自动布线和手工布线过程。本章例子采用默认值。

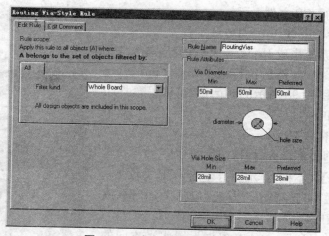

图 4.96 过孔类型设置对话框

- Width Constraint(设置布线宽度)

该项用于设置布线时的导线宽度。在如图 4.97 所示的布线宽度设置对话框的 Rule Attributes 选项区域中,设置布线宽度的最小值(Minimum Width)、最大值(Maximum Width)和首选值(Preferred Width)。首选值用于自动布线和手工布线过程。本章例子采用默认值。

布线规则,可根据在布线时的具体要求来设置,也可采用系统的默认值。在自动布线规则类中,还有三项规则的设置与 SMD 元件有关。

除了自动布线规则和元件布局设计规则,在设计规则中还有其他的规则,例如:制造设计规则(Manufacturing)、高频电路设计规则(High Speed)、信号完整性规则、短路限制规则(Short-Circuit Constraint)、未连接引脚限制规则(Un-Connected Pin Constraint)和未布通网络限制规则(Un-Routed Nets Constraint)等。

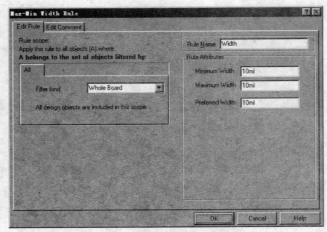

图 4.97　布线宽度设置对话框

4）PCB 图打印

电路板图的输出比较复杂，Protel 99 SE 提供了一个全新而功能强大的打印/预览功能。纸张大小的设置、电路图纸的设置等内容，然后再进行打印输出。

（1）打印机的设置

打印机设置的操作过程如下：

①打开要打印的 PCB 文件。

②执行菜单命令 File|Printer/Preview。

③命令执行后，系统生成 Preview 文件（开展名为 . PPC）

④进入 Preview 文件，然后执行菜单命令 File|Setup
Printer，系统弹出如图 4.98 所示的对话框，可以设置打印
的类型。设置内容如下：

【Setup】设置内容如下：

【Printer】下拉列表框，可选择打印机的型号。

【PCB Filename】文本框，显示要打印的 PCB 文件名。

【Orientation】栏，可选择打印方向，包括 Portrait（纵
向）和 Landscape（横向）。

【Margins】栏，在 Horizontal 文本框设置水平方向的
边距范围，选取 Center 复选框，将以水平居中方式打印；在
Vertical 文本框设置垂直方向的边距范围，选取 Center 复
选框，将以垂直居中方式打印。

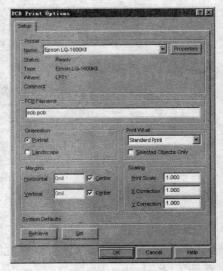

图 4.98　打印机设置对话框

【Scaling】栏，Print Scale 文本框用于设置打印输出时
的放大比例；X Correction 和 Y Correction 两个文本框用
于调整打印机在 X 轴和 Y 轴的输出比例。

【Print What】下拉列表框，有三个选项。

Standard Print（标准）：根据 Scaling 设置值提交打印。

Whole Board On Page：整块板打印在一张图纸上。

PCB Screen Region：打印电路板屏幕显示区域。

⑤设置完毕后,单击 OK 按钮,完成打印机设置。

(2) 设置打印模式

系统提供了一些常用的打印模式。可以从 Tools 菜单项中选取,如图 4.99 所示。菜单中各项的功能如下:

①Create Final:主要用于分层打印的场合,经常采用的打印模式之一。如图 4.100 所示,图中左侧窗口已经列出了各层打印输出时的名称,选取某层,图中的右侧窗口将显示该层打印的预览图。

②Create Component:主要用于叠层打印的场合,经常采用的打印模式之一。如图 4.101 所示,图中左侧窗口已经列出了一起打印输出的各层名称,图中右侧窗口显示了各层叠加在一起的打印预览图。打印机要选用彩色打印机,才能将各层用颜色区分开。

图 4.99　Tools 功能菜单中的打印模式

③Create Power-Plane Set:主要用于打印电源/接地层的场合。

④Create Mask Set:主要用于打印阻焊层与助焊层的场合。

⑤Create Drill Drawings:主要用于打印钻孔层的场合。

⑥Create Assembly Drawings:主要用于打印与 PCB 顶层和底层相关层内容的场合。

⑦Create Composite Drill Guide:主要用于 Drill Guide、Drill Drawing、Keep-Out、Mechanical 这几个层组合打印的场合。

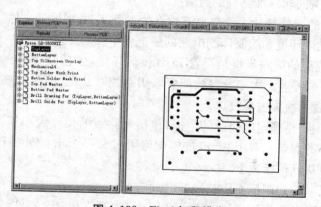

图 4.100　Final 打印模式

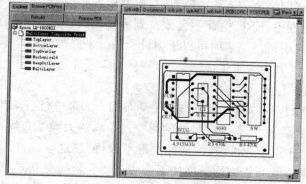

图 4.101　Composite 打印模式

（3）打印输出

设置好打印机，确定打印模式后，就可执行主菜单 File 中的 4 个打印命令，进行打印输出。

• 执行菜单命令 File | Print All，或用鼠标左键单击主工具栏中的 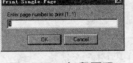 按钮，打印所有的图形。

• 执行菜单命令 File | Print Job，打印操作对象。

• 执行菜单命令 File | Print Page，打印指定页面。执行该命令后，系统弹出如图 4.102 所示的页码输入对话框，以输入需要打印的页号。

• File | Print | Current：打印当前页。

图 4.102　打印页码输入对话框

5）PCB 设计与制作过程

（1）电路版设计的先期工作

①利用原理图设计工具绘制原理图，并且生成对应的网络表。当然，有些特殊情况下，如电路版比较简单，已经有了网络表等情况下也可以不进行原理图的设计，直接进入 PCB 设计系统，在 PCB 设计系统中，可以直接取用零件封装，人工生成网络表。

②手工更改网络表 将一些元件的固定用脚等原理图上没有的焊盘定义到与它相通的网络上，没任何物理连接的可定义到地或保护地等。将一些原理图和 PCB 封装库中引脚名称不一致的器件引脚名称改成和 PCB 封装库中的一致，特别是二、三极管等。

（2）画出自己定义的非标准器件的封装库

建议将自己所画的器件都放入一个自己建立的 PCB 库专用设计文件。

（3）设置 PCB 设计环境和绘制印刷电路的版框含中间的镂空等

①进入 PCB 系统后的第一步就是设置 PCB 设计环境，包括设置格点大小和类型，光标类型，版层参数，布线参数等等。大多数参数都可以用系统默认值，而且这些参数经过设置之后，符合个人的习惯，以后无须再去修改。

②规划电路版，主要是确定电路版的边框，包括电路版的尺寸大小等。在需要放置固定孔的地方放上适当大小的焊盘。对于 3 mm 的螺丝可用 6.5～8 mm 的外径和 3.2～3.5 mm 内径的焊盘对于标准板可从其他板或 PCB izard 中调入。

建议电路板的尺寸遵照国标 GB 9316-88 标准。

（4）打开所有要用到的 PCB 库文件后，调入网络表文件和修改零件封装

这一步是非常重要的一个环节，网络表是 PCB 自动布线的灵魂，也是原理图设计与印象电路版设计的接口，只有将网络表装入后，才能进行电路版的布线。

在原理图设计的过程中，ERC 检查不会涉及到零件的封装问题。因此，原理图设计时，零件的封装可能被遗忘，在引进网络表时可以根据设计情况来修改或补充零件的封装。

当然，可以直接在 PCB 内人工生成网络表，并且指定零件封装。

（5）布置零件封装的位置，也称零件布局

Protel 99 可以进行自动布局，也可以进行手动布局。如果进行自动布局，运行"Tools"下面的"Auto Place"，用这个命令，你需要有足够的耐心。布线的关键是布局，多数设计者采用手动布局的形式。用鼠标选中一个元件，按住鼠标左键不放，拖住这个元件到达目的地，放开左键，将该元件固定。Protel 99 在布局方面新增加了一些技巧。新的交互式布局选项包含自动选择和自动对齐。使用自动选择方式可以很快地收集相似封装的元件，然后旋转、展开和整理成组，就可以移动到板上所需位置上了。当简易的布局完成后，使用自动对齐方式整齐地展开或缩紧

一组封装相似的元件。

提示:在自动选择时,使用 Shift+X 或 Y 和 Ctrl+X 或 Y 可展开和缩紧选定组件的 X、Y 方向。

注意:零件布局,应当从机械结构散热、电磁干扰、将来布线的方便性等方面综合考虑。先布置与机械尺寸有关的器件,并锁定这些器件,然后是大的占位置的器件和电路的核心元件,再是外围的小元件。

(6) 根据情况再作适当调整然后将全部器件锁定

假如板上空间允许则可在板上放上一些类似于实验板的布线区。对于大板子,应在中间多加固定螺丝孔。板上有重的器件或较大的接插件等受力器件边上也应加固定螺丝孔,有需要的话可在适当位置放上一些测试用焊盘,最好在原理图中就加上。将过小的焊盘过孔改大,将所有固定螺丝孔焊盘的网络定义到地或保护地等。

放好后用 VIEW3D 功能察看一下实际效果,存盘。

(7) 布线规则设置

布线规则是设置布线的各个规范(像使用层面、各组线宽、过孔间距、布线的拓扑结构等部分规则,可通过 Design-Rules 的 Menu 处从其他板导出后,再导入这块板),这个步骤不必每次都要设置,按个人的习惯,设定一次就可以。

选 Design-Rules 一般需要重新设置以下几点:

①安全间距(Routing 标签的 Clearance Constraint)

它规定了板上不同网络的走线焊盘过孔等之间必须保持的距离。一般板子可设为0.254 mm,较空的板子可设为0.3 mm,较密的贴片板子可设为 0.2~0.22 mm,极少数印板加工厂家的生产能力在0.1~0.15 mm,假如能征得他们同意你就能设成此值。0.1 mm以下是绝对禁止的。

②走线层面和方向(Routing 标签的 Routing Layers)

此处可设置使用的走线层和每层的主要走线方向。请注意贴片的单面板只用顶层,直插型的单面板只用底层,但是多层板的电源层不是在这里设置的(可以在 Design-Layer Stack Manager中,点顶层或底层后,用 Add Plane 添加,用鼠标左键双击后设置,点中本层后用 Delete 删除),机械层也不是在这里设置的(可以在 Design-Mechanical Layer 中选择所要用到的机械层,并选择是否可视和是否同时在单层显示模式下显示)。

机械层1 一般用于画板子的边框;

机械层3 一般用于画板子上的挡条等机械结构件;

机械层4 一般用于画标尺和注释等,具体可自己用 PCB Wizard 中导出一个 PCAT 结构的板子看一下。

③过孔形状(Routing 标签的 Routing Via Style)

它规定了手工和自动布线时自动产生的过孔的内、外径,均分为最小、最大和首选值,其中首选值是最重要的,下同。

④走线线宽(Routing 标签的 Width Constraint)

它规定了手工和自动布线时走线的宽度。整个板范围的首选项一般取 0.2—0.6 mm,另添加一些网络或网络组(Net Class)的线宽设置,如地线、+5 伏电源线、交流电源输入线、功率输出线和电源组等。网络组可以事先在 Design-Netlist Manager 中定义好,地线一般可选 1 mm 宽度,各种电源线一般可选 0.5~1 mm 宽度,印板上线宽和电流的关系大约是每毫米线宽允许通过 1 A 的电流,具体可参看有关资料。当线径首选值太大使得 SMD 焊盘在自动布线无法走通时，它会在进入到 SMD 焊盘处自动缩小成最小宽度和焊盘的宽度之间的一段走线，其中 Board 为对整个板的线宽约束，它的优先级最低，即布线时首先满足网络和网络组等的线宽约束条件。

⑤敷铜连接形状的设置（Manufacturing 标签的 Polygon Connect Style）

建议用 Relief Connect 方式导线宽度 Conductor Width 取 0.3～0.5 mm 4 根导线 45 或 90 度。

其余各项一般可用它原先的缺省值，而象布线的拓扑结构、电源层的间距和连接形状匹配的网络长度等项可根据需要设置。

选 Tools-Preferences，其中 Options 栏的 Interactive Routing 处选 Push Obstacle（遇到不同网络的走线时推挤其他的走线，Ignore Obstacle 为穿过，Avoid Obstacle 为拦断）模式并选中 Automatically Remove（自动删除多余的走线）。Defaults 栏的 Track 和 Via 等也可改一下，一般不必去动它们。

在不希望有走线的区域内放置 FILL 填充层，如散热器和卧放的两脚晶振下方所在布线层，要上锡的在 Top 或 Bottom Solder 相应处放 FILL。

布线规则设置也是印刷电路版设计的关键之一，需要丰富的实践经验。

（8）自动布线和手工调整

①点击菜单命令 Auto Route/Setup 对自动布线功能进行设置

选中除了 Add Testpoints 以外的所有项，特别是选中其中的 Lock All Pre-Route 选项，Routing Grid 可选 1 mil 等。自动布线开始前 PROTEL 会给你一个推荐值可不去理它或改为它的推荐值，此值越小板越容易 100% 布通，但布线难度和所花时间越大。

②点击菜单命令 Auto Route/All 开始自动布线

假如不能完全布通则可手工继续完成或 UNDO 一次（千万不要用撤消全部布线功能，它会删除所有的预布线和自由焊盘、过孔）后调整一下布局或布线规则，再重新布线。完成后做一次 DRC，有错则改正。布局和布线过程中，若发现原理图有错则应及时更新原理图和网络表，手工更改网络表（同第一步），并重装网络表后再布。

③对布线进行手工初步调整

需加粗的地线、电源线、功率输出线等加粗，某几根绕得太多的线重布一下，消除部分不必要的过孔，再次用 VIEW3D 功能察看实际效果。手工调整中可选 Tools-Density Map 查看布线密度，红色为最密，黄色次之，绿色为较松，看完后可按键盘上的 End 键刷新屏幕。红色部分一般应将走线调整得松一些，直到变成黄色或绿色。

（9）切换到单层显示模式下（点击菜单命令 Tools/Preferences，选中对话框中 Display 栏的 Single Layer Mode）

将每个布线层的线拉整齐和美观。手工调整时应经常做 DRC，因为有时候有些线会断开而你可能会从它断开处中间走上好几根线，快完成时可将每个布线层单独打印出来，以方便改线时参考，其间也要经常用 3D 显示和密度图功能查看。

最后取消单层显示模式，存盘。

（10）如果器件需要重新标注可点击菜单命令 Tools/Re-Annotate 并选择好方向后，按 OK 钮。

并回原理图中选 Tools-Back Annotate 并选择好新生成的那个 *.WAS 文件后，按 OK 钮。原理图中有些标号应重新拖放以求美观，全部调完并 DRC 通过后，拖放所有丝印层的字符到合适位置。

　　注意字符尽量不要放在元件下面或过孔焊盘上面。对于过大的字符可适当缩小，DrillDrawing 层可按需放上一些坐标(Place-Coordinate)和尺寸((Place-Dimension)。

　　最后再放上印板名称、设计版本号、公司名称、文件首次加工日期、印板文件名、文件加工编号等信息。

　　(11) 对所有过孔和焊盘补泪滴

　　补泪滴可增加它们的牢度，但会使板上的线变得较难看。顺序按下键盘的 S 和 A 键(全选)，再选择 Tools-Teardrops，选中 General 栏的前三个，并选 Add 和 Track 模式，如果你不需要把最终文件转为 PROTEL 的 DOS 版格式文件的话也可用其他模式，后按 OK 钮。完成后顺序按下键盘的 X 和 A 键(全部不选中)。对于贴片和单面板一定要加。

　　(12) 放置覆铜区

　　选 Place-Polygon Plane 在各布线层放置地线网络的覆铜。设置相应项目。

　　设置完成后，再按 OK 扭，画出需覆铜区域的边框，最后一条边可不画，直接按鼠标右键就可开始覆铜。它缺省认为你的起点和终点之间始终用一条直线相连，电路频率较高时可选 Grid Size 比 Track Width 大，覆出网格线。

　　(13) 最后再做一次 DRC

　　选择其中 Clearance Constraints Max/Min Width Constraints Short Circuit Constraints 和 Un-Routed Nets Constraints 这几项，按 Run DRC 钮，有错则改正。全部正确后存盘。

　　(14) 对于支持 Protel 99 SE 格式(PCB4.0)加工的厂家可在观看文档目录情况下，将这个文件导出为一个 ∗.PCB 文件；对于支持 PROTEL99 格式(PCB3.0)加工的厂家，可将文件另存为 PCB 3.0 二进制文件，做 DRC。通过后不存盘退出。在观看文档目录情况下，将这个文件导出为一个 ∗.PCB 文件。

　　也可直接生成 GERBER 和钻孔文件交给厂家选 File-CAM Manager 按 Next＞钮出来六个选项，Bom 为元器件清单表，DRC 为设计规则检查报告，Gerber 为光绘文件，NC Drill 为钻孔文件，Pick Place 为自动拾放文件，Test Points 为测试点报告。选择 Gerber 后按提示一步步往下做。其中有些与生产工艺能力有关的参数需印板生产厂家提供。直到按下 Finish 为止。在生成的 Gerber Output 1 上按鼠标右键，选 Insert NC Drill 加入钻孔文件，再按鼠标右键选 Generate CAM Files 生成真正的输出文件，光绘文件可导出后用 CAM350 打开并校验。注意电源层是负片输出的。

　　(15) 发 Email 或拷盘给加工厂家，注明板材料和厚度(做一般板子时，厚度为 1.6 mm，特大型板可用 2 mm，射频用微带板等一般在 0.8～1 mm 左右，并应该给出板子的介电常数等指标)、数量、加工时需特别注意之处等。

　　对于初学者或简单的实验用板，可以自己手工制板。制板的有热转印法、显影法以及雕刻法等，其中雕刻法需要用到雕刻机，不同的雕刻机使用方法不同，下面介绍热转印法和感光板制板法。

　　热转印制板基本流程：

　　①画出印刷电路板图。

　　②将图打印到热转印纸(注意不要打印顶层丝印图)。

　　③将热转印纸上的碳粉通过热转印机转印到敷铜板上。

　　④将敷铜板放入三氯化铁腐蚀液进行腐蚀。

　　⑤清洗电路板上的黑色碳粉。

　　⑥用电路板打孔机打过孔和焊盘

感光板制板法基本流程：

①准备好印刷电路板图。

②用半透明的硫酸纸或其他的类似的纸打印出来电路图。

③准备好感光板和准备感光设备。

④把 PCB 图纸反面用透明胶贴好，把感光板的保护层去掉，再把 PCB 纸反面覆盖着感光板的感光面，用透明胶粘好。

⑤感光。

⑥按照显影粉和水的适当比例准备好显影液。

⑦把感光好的电路板放到显影液中显影。

⑧显影好后，晾干电路板，用双氧水＋盐酸腐蚀。

⑨用电路板打孔机打过孔和焊盘。

（16）产生 BOM 文件并导出后编辑成符合本单位内部规定的格式。

（17）将边框螺丝孔接插件等与机箱机械加工有关的部分（即先把其他不相关的部分选中后删除），导出为公制尺寸的 AutoCAD R14 的 DWG 格式文件给机械设计人员。

（18）整理和打印各种文档。如元器件清单、器件装配图（并应注上打印比例）、安装和接线说明等。

4.3.3　实践训练

1）训练任务

完成如图 4.51 所示电路原理图，元件的封装采用表 4.2 提供的元件封装。并设计 PCB 图。要求：

（1）用 PCB 文件生成向导生成 PCB 文件，要求电路板为长 2 000 mil，宽 1 800 mil 的双面板。

（2）进行自动布局并手工调整。调整布局后的图形如图 4.59 所示。

（3）利用设计规则设置＋V_{CC}网络和 GND 网络布线宽度为 30 mil，其他布线宽度为15 mil，在底层水平自动布线，顶层竖直自动布线。

（4）给所有焊盘加泪滴。

（5）顶层和底层放置覆铜，覆铜与 GND 网络连接。

2）步骤指导

原理图绘制和封装的添加在上一模块训练中已经完成，此处不再赘述。

（1）步骤：

①在原理图所在的文件夹中，执行 File...
|New 命令，在弹出的 New Documents 窗口中单击 Wizards 项，选中 Printed Circuit Board Wizard，如图 4.103 所示。

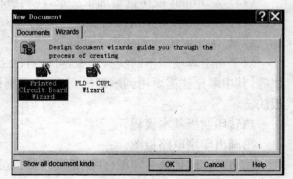

图 4.103　New Documents 窗口

②单击 New Documents 窗口中的"OK"。单击"Next",再单击"Next",窗口中按图 4.104 设置 PCB 的尺寸和其他的信息。

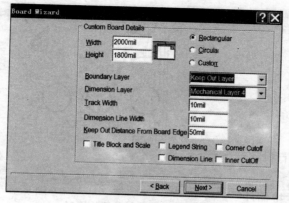

图 4.104　PCB 尺寸设置

③依次单击"Next",直到出现如图 4.105 所示的窗口,并按图 4.105 设置。

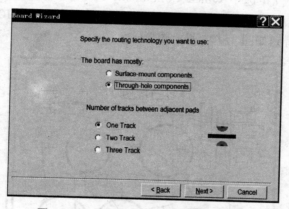

图 4.105　选择大多数元件的封装的形式

④依次单击"Next",直到出现"Finish"按钮,单击"Finish"自动生成 PCB 文件,如图 4.106 所示。

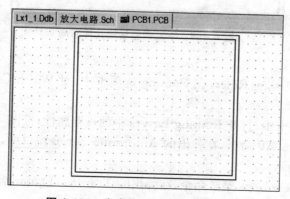

图 4.106　生成的 PCB 文件和 PCB 图

（2）步骤：

①加载网络表，调入封装，完成后如图 4.107 所示。

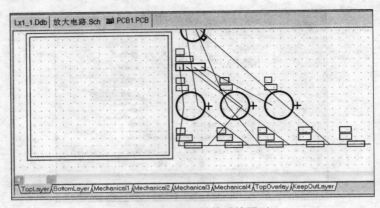

图 4.107　调入封装后的图形

②执行 Tools|Auto Placement|Auto Placer 菜单命令，在 Auto Place 窗口中选择 Cluster Placer（群集式布局方式）并选中 Quick Component Placement 复选框，也可选择 Statistical Placer（统计式布局方式）。再单击"OK"按钮，自动布局的结果如图 4.108 所示。

③手工调整元件，得到如图 4.108 所示图形。

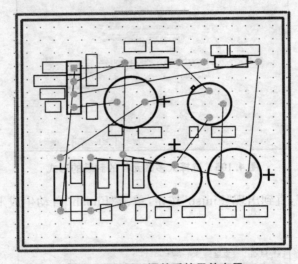

图 4.108　手工调整后的元件布局

（3）步骤：

①执行菜单命令 Design|Ruler，在 Routing 选项卡中，对 Width Constraint 项按图 4.109 设置。

②在 Routing 选项卡中，打开 Routing Layers 中的规则属性，按图 4.110 设置。

③执行 Auto Route|All 命令，在弹出的 Autorouter Setup 窗口中，单击 Route All 进行自动布线。如图 4.111 所示。

（4）执行 Tools|Teardrops 菜单命令，在弹出的 Teardrop Option 窗口中按图 4.112 设置。单击"OK"，结果如图 4.113 所示。

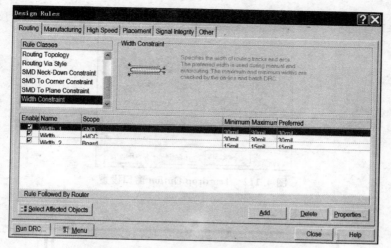

图 4.109　Width Constraint 项设置

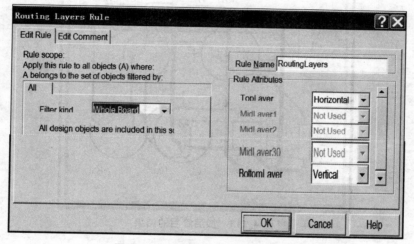

图 4.110　Routing Layers Rule 设置

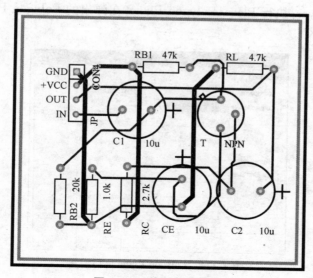

图 4.111　布线后的结果

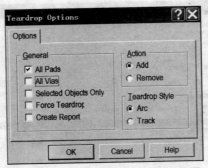

图 4.112　Teardrop Option 窗口设置

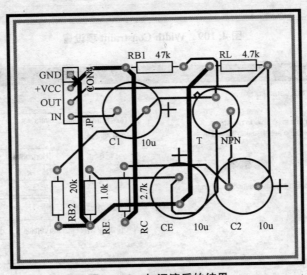

图 4.113　加泪滴后的结果

（5）步骤：

①切换到 TopLayer，执行 Place | Polygon Plane，在弹出的 Polygon Plane 窗口中，做如图 4.114 设置。单击"OK"。

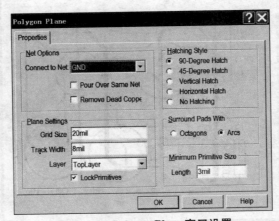

图 4.114　Polygon Plane 窗口设置

②沿电气边线绘制矩形,单击鼠标右键退出放置覆铜状态即可。结果如图 4.115 所示。

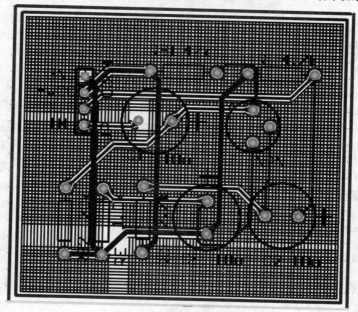

图 4.115 顶层覆铜结果

③切换到 BottomLayer,同理在底层覆铜。

3) 重点提示

(1) 在自动布局之前,必须先禁止布线层确定电路板的电气边界。

(2) 重视手工布局和布线。

4) 训练体会

_____
_____
_____
_____
_____
                                               。

5) 结果考核

_____
                                               。

6) 思考练习

完成如图 4.60 所示电路原理图,元件的封装采用表 4.3 提供的元件封装。并设计 PCB图。要求:

(1) 用 PCB 文件生成向导生成 PCB 文件,要求电路板为长 1 450 mil,宽 1 140 mil 的双面板。

(2) 进行自动布局并手工调整。调整布局后的图形如图 4.61 所示。

(3) 利用设计规则设置 +V_{CC} 网络和 GND 网络布线宽度为 50 mil,其他布线宽度为 20 mil,在底层竖直自动布线,顶层水平自动布线。

(4) 给所有焊盘和过孔加泪滴。

(5) 顶层和底层放置覆铜,覆铜与 GND 网络连接。

5 封装的创建与编辑

　　电子线路中的电子元器件在原理图中是以电气图形符号出现,在 PCB 图中则是以封装来表示,虽然 Protel 99 SE 提供了 PCB 封装库,但功能相同的同类元器件也会应为制作工艺、材料和生产商等不同,而使封装不完全相同;且随着新元件的不断涌现,在设计 PCB 图时,用户会需要编辑修改已有的封装或创建新的封装。为此 Protel 99 SE 提供了一个功能强大的元件封装库编辑器,以实现元件封装的创建和编辑。

5.1.1　知识点

　　封装库编辑器;封装的创建与编辑。

5.1.2　知识点分析

1)封装库编辑器

(1)启动元件封装库编辑器

在设计数据库文件中,打开封装库文件就启动了元件封装库编辑器。第一次启动元件封装库编辑器的操作步骤如下:

　　①打开一个设计数据库,执行菜单命令 File|New,在新建文件对话框中,选择 PCB Library Document(PCB 库文件)图标,单击 OK 按钮,则在该设计数据库中建立了一个默认名为 PCBLIB1.lib 的文件,可更改文件名。

　　②打开该文件,就进入 PCB 元件封装编辑器的工作界面。

(2)封装库编辑器的介绍

　　打开封装库文件,进入封装库编辑器,其工作界面如图 5.1 所示。其中:

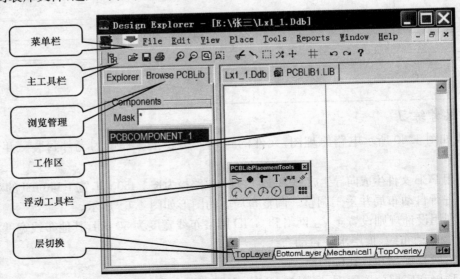

图 5.1　封装编辑器的工作界面

①菜单栏

File：用于文件的管理、存储、打印等操作。

Edit：用于各项编辑功能，如删除、移动等。

View：用于画面管理，如画面的放大、缩小和各种工具栏的打开与关闭等。

Place：用于绘图命令，如在工作界面上放置一个圆弧、导线、焊盘等。

Tools：在设计的过程中提供各种方便的工具。

Reports：用于产生报表。

Window：用于选择打开窗口的排列方式、切换当前工作窗口等。

Help：用于提供帮助文件。

②主工具栏

🔲：切换管理器面板

🗁：打开文件

🖫：保存

🖨：打印

🔍：放大显示

🔍：缩小显示

🔍：放大显示电路板

🔍：放大选定区域

✂：剪切

🖉：粘贴

▢：选取区域所有对象

✕：取消选取

✛：移动所选对象

▦：设置移动栅格

↺：恢复

↻：重做

❓：帮助

③浏览管理器

单击 Browse PCBLib 选项卡，进入元件库浏览管理器，它和文件管理器共用一个区域，可以切换显示，如图 5.2 所示。其中：

元件过滤框（Mask 框）：用于元件过滤，即将符合过滤条件的元件在元件列表框中显示。在 Mask 框中输入过滤条件。

`<`：浏览前一个元件，对应 Tools|Prev Component 命令。

`>`：浏览下一个元件，对应 Tools|Next Component 命令。

`<<`：浏览第一个元件，对应 Tools|First Component 命令。

`>>`：浏览最后一个元件，对应 Tools|Last Component 命令。

Rename：重命名。

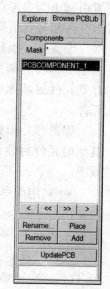

图 5.2　浏览管理器

Place：将编辑的封装放置 PCB 图中。

Remove：从库中删除元件。

UpdatePCB：更新 PCB 图中的封装。

④工作区：也称编辑区，是创建和编辑封装的区域。

⑤浮动工具栏：可放置浮动工具栏，这与 PCB 编辑器中的放置工具栏类似，这里不再做介绍。

⑥切换层：单击层名，切换到相应的工作层。

2）封装的创建与编辑

（1）封装的创建

封装的创建有两种方法：一种是手工制作封装，另一种是利用向导制作封装。

- 手工制作封装

手工创建元件封装，就是利用系统提供的绘图工具，按照元件的实际尺寸画出该元件的封装图形。在创建新的元件封装之前，最好先在元件封装库编辑器中设置一些有关的环境参数，如使用的工作层、计量单位、栅格尺寸、显示颜色等，然后执行菜单命令 Tools|Library Options 和 Tools|Preferences 即可。步骤如下：

①建立新的元件封装，进入封装编辑的状态。打开封装编辑器，单击元件库管理器中的 Add 按钮，或执行菜单命令 Tools|New Component，系统弹出 Component Wizard 对话框，单击 Cancal 按钮，出现编辑画面，新元件封装的默认名是 PCBCOMPONENT_1，可修改封装的名称。

②放置焊盘。执行菜单命令 Place|Pad，或单击放置工具栏的■按钮。移动光标到坐标原点，单击鼠标左键放置第一个焊盘，根据元件管脚间距的实际尺寸放置其他焊盘。根据元件管脚尺寸修改焊盘的尺寸。设置焊盘的形状，一般第一管脚焊盘为矩形，其他管脚焊盘为圆形。

③绘制外形轮廓。根据元件的外形（俯视图）利用放置工具栏中的放置工具在顶层丝印层（TopOverLay）绘制外形轮廓。

④设置元件参考坐标。在菜单 Edit|Set Reference 中设置参考坐标的命令有三个：Pin1：设置引脚 1 为参考点；Center：将元件的中心作为参考点；Location：设计者选择一个位置作为参考点。一般选择引脚 1 为参考点。

⑤保存。执行菜单命令 File|Save，或单击主工具栏的■按钮，可将新建元件封装保存到元件封装库中，在需要的时候再调用该元件。

焊盘和外形轮廓，可以通过复制已有的其他的元件封装修改后得到，这样可以提高效率。

- 利用向导制作封装

Protel 99 SE 提供了元件封装生成向导，操作步骤如下：

①在元件封装库编辑器中，执行菜单命令 Tools|New Component，或在 PCB 元件库管理器中单击 Add 按钮，系统弹出如图 5.3 所示的元件封装生成向导。

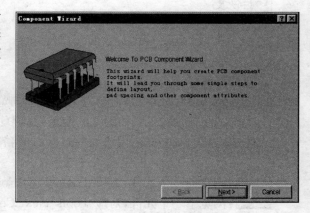

图 5.3　元件封装生成向导

②单击 Next 按钮,弹出如图 5.4 所示的元件封装样式列表框和计量单位选择。系统提供了 12 种元件封装的样式供设计者选择,其中:

Ball Grid Arrays:BGA 球栅阵列封装

Capacitors:电容封装

Diodes:二极管封装

Dual in-line Package:DIP 双列直插封装

Edge Connectors:边连接器封装

Leadless Chip Carrier:LCC 无引线芯片载体封装

Pin Grid Arrays:PGA 引脚网格阵列封装

Quad Packs:QUAD 四边引出扁平封装

Small Outline Package:SOP 小尺寸封装

Resistors:电阻封装

Staggered Pin Grid Array:SPGA 交错引脚网格阵列封装

Staggered Ball Grid Array:BGA 交错球栅阵列封装

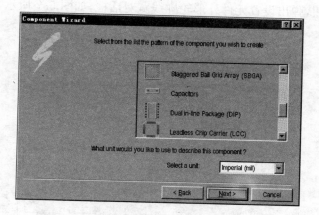

图 5.4 元件封装样式列表框和计量单位选择

③单击 Next 按钮(假设选择了 Dual in-line Package 样式),弹出如图 5.5 所示的设置焊盘尺寸的对话框。对需要修改的数值,在数值上单击鼠标左键,然后输入数值即可。

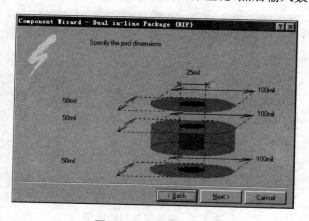

图 5.5 设置焊盘尺寸

④单击 Next 按钮,弹出设置引脚间距对话框,如图 5.6 所示。对需要修改的数值,在数值上单击鼠标左键,然后输入数值即可。

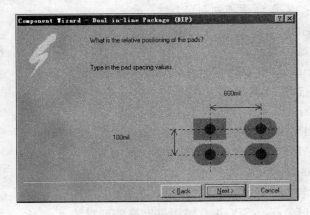

图 5.6　设置引脚间距

⑤单击 Next 按钮,弹出设置元件外形轮廓线宽对话框,如图 5.7 所示。

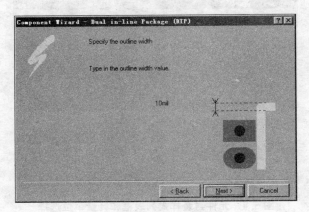

图 5.7　设置元件外形轮廓线宽

⑥单击 Next 按钮,弹出设置元件引脚数量对话框,如图 5.8 所示。

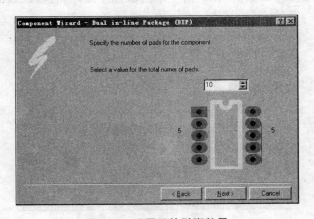

图 5.8　设置元件引脚数量

⑦单击 Next 按钮,弹出设置元件封装名称对话框,如图5.9对话框。

⑧单击 Next 按钮,系统弹出完成对话框,单击 Finish 按钮,生成新元件封装。

（2）封装的编辑

封装的编辑在下列两种情况下出现:

第一种:原理图中元件管脚与封装库中封装管脚的序号不一致,需要修改封装管脚的序号。

第二种:需要的封装与封装库中已有的封装差别很小,可以通过修改已有的封装得到。

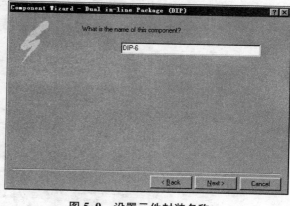

图5.9　设置元件封装名称

具体操作步骤如下:

①启动 Protel 99 SE 后,打开封装所在的设计数据库。

②打开封装所在的库文件。

③在元件库浏览管理器的元件列表框中,找到元件并单击,使之显示在工作窗口。

④修改管脚序号、焊盘或外形。

⑤保存修改的结果。

5.1.3　实践训练

1）训练任务

手工创建 DIP8 元件封装,如图5.10所示。焊盘的垂直间距 100 mil,水平间距 300 mil;外形轮廓框长 400 mil,宽 200 mil,距焊盘 50 mil,圆弧半径 25 mil。

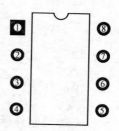

图5.10　DIP8 元件封装图形

2）步骤指导

（1）建立新元件画面

单击 PCB 元件库管理器中的 Add 按钮,或执行菜单命令 Tools|New Component,系统弹出 Component Wizard 对话框,单击 Cancal 按钮,出现编辑画面,新元件封装的默认名是 PCB-COMPONENT_1。用鼠标左键单击 PCB 元件库管理器中的 Rename 按钮,弹出重命名元件对话框,如图5.11所示。在对话框中输入新建元件封装的名称,单击 OK 按钮。本例命名为 DIP8。

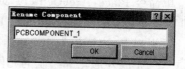

图5.11　元件重命名对话框

（2）放置焊盘

①执行菜单命令 Place|Pad,或单击放置工具栏的 ◉ 按钮。

②光标变成十字形,并带有一个焊盘图形。移动光标到坐标原点,单击鼠标左键放置第一个焊盘。

③双击该焊盘,在弹出的焊盘属性设置对话框中,设置 Designator 的值为1。

④按照焊盘的间距要求,放置其他7个焊盘。

⑤利用焊盘属性设置对话框中的全局编辑功能,统一修改焊盘的尺寸:焊盘的直径设为 50 mil,通孔直径设为 32 mil。设置方法如图5.12所示。

⑥将焊盘1的焊盘形状设置为矩形（Rectangle）,以标识为元件的起始焊盘。完成焊盘放

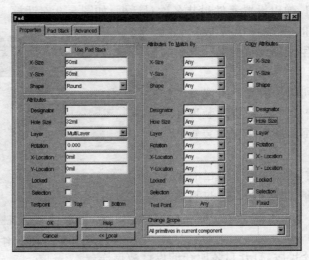

图 5.12　设置所有焊盘的参数

置的元件封装的效果如图 5.13 所示。

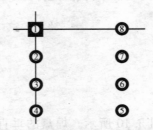

图 5.13　完成焊盘放置的元件封装的效果

（3）绘制外形轮廓

①将工作层切换为顶层丝印层（Top Over Lay）。

②因为圆弧半径为 25 mil，将捕获栅格从 20 mil 变为 5 mil，以便于捕获位置。单击主工具栏的 ⊞ 按钮，在弹出的对话框中输入 5 mil。

③利用中心法绘制圆弧。圆心坐标为（150，50），半径为 25 mil，圆弧形状为半圆。执行菜单命令 Place|Arc(Center)，或单击放置工具栏的 ⊙ 按钮绘制圆弧。

④执行菜单命令 Place|Track，或单击放置工具栏的 ≈ 按钮，开始绘制元件的边框。以圆弧为起点，边框长为 400 mil，宽为 200 mil，每边距焊盘 50 mil。

完成外形轮廓绘制的元件封装的效果如图 5.14 所示。

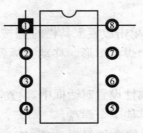

图 5.14　完成外形轮廓绘制的元件封装的效果

（4）设置元件参考坐标。

在菜单 Edit|Set Reference 下，设置参考坐标的命令有三个：Pin1：设置引脚 1 为参考点；Center：将元件的中心作为参考点；Location：设计者选择一个位置作为参考点。本例选择引脚 1 为参考点。

（5）保存。

执行菜单命令 File|Save，或单击主工具栏的■按钮，将新建元件封装保存在元件封装库中，在需要的时候再调用该元件。

3）重点提示

（1）设计制作封装时，管脚焊盘放置在多层，外形轮廓线放置在顶层丝印层。

（2）封装的复制和粘贴操作只能在封装编辑器环境中进行。

4）训练体会

_____

_____

_____

_____

_____

_____ 。

5）结果考核

_____

_____ 。

6）思考练习

利用封装制作向导制作 DIP8 元件封装，如图 5.10 所示。焊盘的垂直间距100 mil，水平间距 300 mil；外形轮廓框长 400 mil，宽 200 mil，距焊盘 50 mil，圆弧半径 25 mil。

6 综合实训

6.1.1 实训目的

(1) 加深对原理图设计过程的理解。

(2) 熟练了解元器件图形符号和封装的制作。

(3) 系统理解 PCB 设计过程。

6.1.2 实训任务

1) 原理图模板制作

(1) 在指定根目录底下新建一个以 DEMO 为名的文件夹,然后新建一个以自己名字拼音命名的设计数据库文件,例:考生陈大勇的文件名为 CDY. ddb;然后在其内新建一个 DEMO 文件夹,再文件夹中新建一个原理图设计文件,名为 mydot1. dot。

(2) 设置图纸大小为 A4,水平放置,工作区颜色为 214 号色,边框颜色为 3 号色。

(3) 绘制自定义标题栏如图 6.1 所示。其中边框直线为小号直线,颜色为 3 号,文字大小为 16 磅,颜色为黑色,字体为仿宋_GB2312。

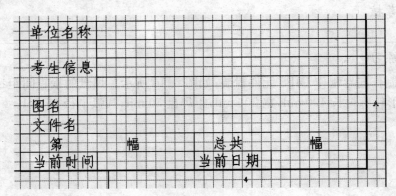

图 6.1　标题栏

2) 原理图库操作

(1) 在设计数据库文件中新建库文件,命名为 schlib1. lib。

(2) 在 Schlib1. lib 库文件中建立如图 6.2 所示的带有子件的新元件,元件命名为 74ALS000,图中对应的为四个子件样图,其中第 7、14 脚接地和电源,网络名称为 GND 和 V_{CC}。

(3) 在 Schlib1. lib 库文件中建立如图 6.3 所示的新元件,元件命名为 P89LPC930。

(4) 保存操作结果。

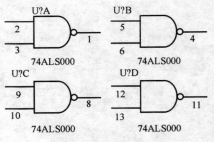

图 6.2　74ALS000

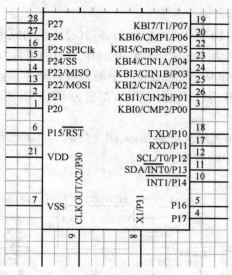

图 6.3　P89LPC930

3) PCB 库操作

（1）在设计数据库文件中新建 Pcblib1. lib 文件，按照图 6.4 要求创建元件封装，已知管脚直径为 40 mil，选定合适焊盘及过孔大小，命名为 KEY。

（2）在 Pcblib1. lib 文件中继续新建 74ALS000 的元件封装，名称 SOP14。按照样图 6.5 要求创建元件封装。

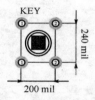

图 6.4　KEY

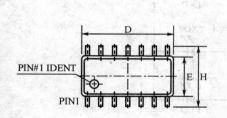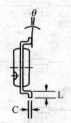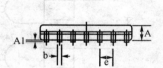

Symbol	Dimensions In Millmeters			Dimensions In Inches		
	Min	Nom	Max	Min	Nom	Max
A	1.30	1.50	1.70	0.051	0.059	0.067
A1	0.08	0.16	0.24	0.003	0.006	0.009
b	—	0.40	—		0.016	
c	—	0.25			0.010	
D	8.25	8.55	8.85	0.325	0.337	0.348
E	3.75	3.95	4.15	0.148	0.156	0.163
e	—	1.27			0.050⁻	—
H	5.70	6.00	6.30	0.224	0.236	0.248
L	0.45	0.65	0.85	0.018	0.026	0.033
θ	0°	—	8°	0°	—	8°

图 6.5　SOP14

4）原理图与 PCB 图绘制

（1）把如图 6.6(a)、6.6(b)、6.6(c)、6.6(d)、6.6(e)所示的原理图绘制在一张图纸中,模块电路之间用虚线格开,文件名为 demo. sch;调用 1)中所做的模板"mydot1. dot",标题栏中各项内容均要通过放置特殊字符串从 organization 中输入或自动生成,其中在 address 第一行输入姓名,第二行输入身份证号码,第三行输入学号,图名为 DEMO,不允许在原理图中用文字工具直接放置。

（2）把 demo. sch 图改画成层次电路图,父图文件名为 demo. prj,子图文件名为模块名称,模版和标题栏按 demo. sch 中的设置。

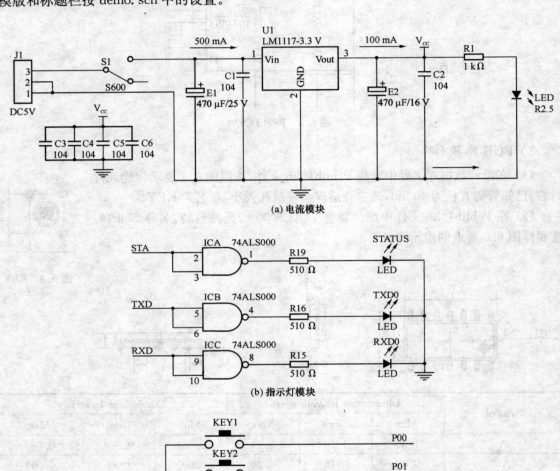

(a) 电流模块

(b) 指示灯模块

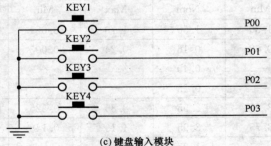

(c) 键盘输入模块

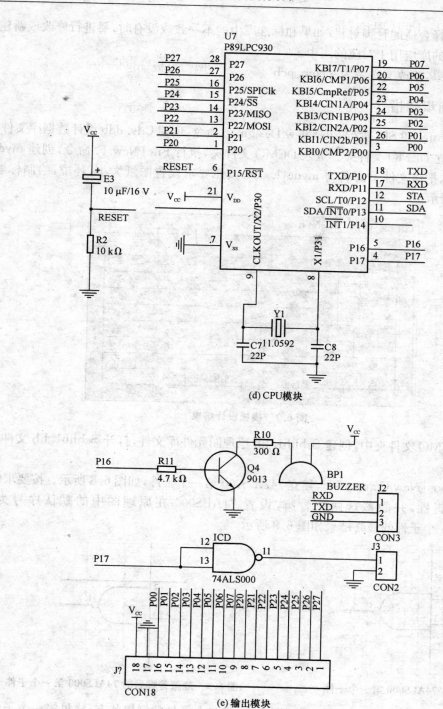

(d) CPU模块

(e) 输出模块

图 6.6 原理图

(3) 抄画图中的元件必须和样图一致,如果和标准库中的不一致或没有时,要进行修改或新建。

(4) 选择合适的电路板尺寸制作电路板边。

(5) 在 Pcb1. pcb 中制作电路板,要求根据电路给出的电流分配关系与电压大小,选择合适的导线宽度和线距。

（6）要求选择合适的管脚封装，如果和标准库中的不一致或没有时，要进行修改或新建。

（7）将所建的库应用于对应的图中。

（8）保存结果，修改文件名为"demo. pcb"。

6.1.3 实训步骤指导

（1）启动 Protel 99 SE，执行 File|New Design... 命令，创建 Cdy. ddb 设计数据库文件。打开 Cdy. ddb，建立 DEMO 文件夹。进入 DEMO 文件夹，执行 File|New... 命令，创建 mydot1. sch 原理图文件，把该文件重命名为 mydot1. dot，按照要求设置图纸大小、环境，绘制标题栏。结果如图 6.7 所示。

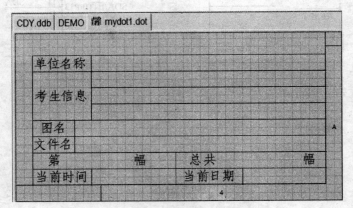

图 6.7 模板设计结果

（2）在 DEMO 文件夹中，创建 Schlib1. lib 原理图元件库文件，打开 Schlib1. lib 文件，启动元件库编辑器。

①执行 Toos|New Component，建立 74ALS000 第一个子件，如图 6.8 所示。按要求修改 7 和 14 管脚的属性，并隐藏这两个管脚，设置 74ALS000 在原理图中的默认序号为 U?，74ALS000 第一个子件的最终结果如图 6.9 所示。

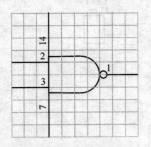

图 6.8 74ALS000 第一个子件

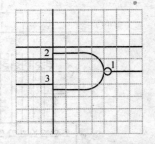

图 6.9 隐藏管脚后的 74ALS000 第一个子件

执行 Tools|New Part，进入建立 74ALS000 第二个子件的编辑状态，拷贝第一个子件到编辑区，修改管脚序号即可得到 74ALS000 第二个子件，如图 6.10 所示。

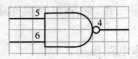

图6.10 74ALS000 第二个子件

用同样的方法建立 74ALS000 的第三、四个子件。

②执行 Toos| New Component，按图 6.3 建立 P89LPC930，如图 6.11 所示。

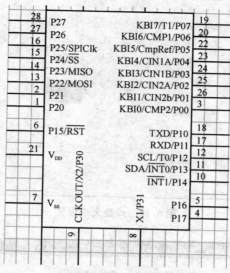

图 6.11　P89LPC930

（3）在 DEMO 文件夹中，创建 Pcblib1. lib 封装库文件。打开 Pcblib1. lib 文件，启动封装编辑器，设置合适的编辑环境。

①由图 6.4 可知，封装 KEY 由四个焊盘和轮廓线组成，执行 Tools|New Component，取消封装制作向导，根据四个焊盘的距离和元件管脚的直径，放置四个焊盘，焊盘的内孔设置比管脚稍大，如图 6.12 所示。

在 Top Over Layer 层按照图 6.4，绘制轮廓线，修改名称为 KEY，结果如图 6.13 所示。

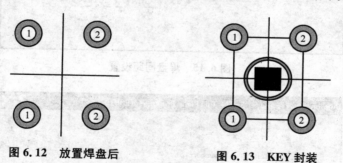

图 6.12　放置焊盘后　　　　图 6.13　KEY 封装

②由图 6.5 可知，SOP14 封装是 14 管脚贴片元件封装，且管脚的宽和长分别为 16 mil 和 40 mil，管脚间距 50 mil 和 196 mil。该类元件使用封装制作向导比较方便。

执行 Tools|NewComponent，单击 Component Wizard 窗口中的"Next"。在封装模式列表中选择 Small Outline Package(SOP)模式，单击"Next"。按图 6.14 设置焊盘，单击"Next"。按图 6.15 设置焊盘间距，单击"Next"。单击"Next"。按图 6.16 设置管脚数量，单击"Next"。按图 6.17 设置封装的名称，单击"Next"。单击"Finsh"，得到 SOP14 封装图，如图 6.18 所示。

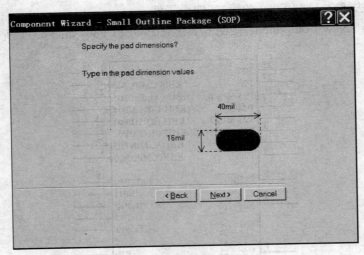

图 6.14　焊盘大小设置

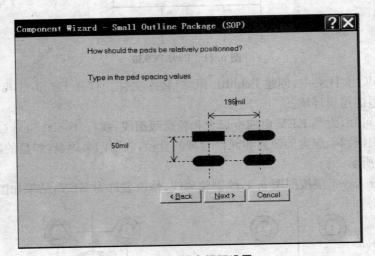

图 6.15　焊盘间距设置

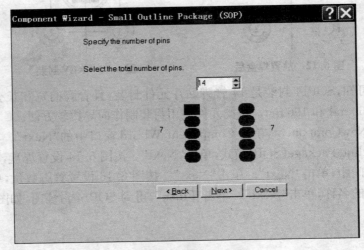

图 6.16　管脚数设置

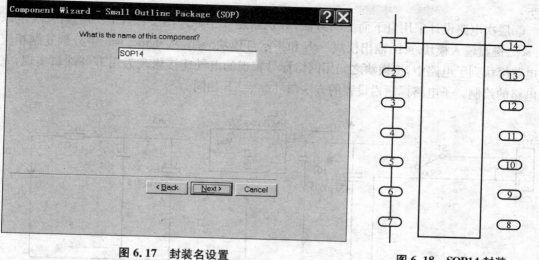

图 6.17 封装名设置

图 6.18 SOP14 封装

（4）①打开 DEMO 文件夹，执行 File | New... 新建原理图文件，把文件名修改为 demo. sch。打开 demo. sch 文件，进入原理图编辑状态，执行 Design | template | Set Template File Name，在弹出的如图 6.19 所示的 Select 窗口中选择 mydo1. dot 模板文件，并单击"OK"；在弹出的 Set Template 窗口中单击"OK"，即可完成在 demo. sch 中引用 mydo1. dot 模板。执行 Tools | Preferences，在弹出的 Preferences 窗口中，选择 Schmatic 的 Default Template File 选项，单击 Browse，做如图 6.19 所示设置，这样后面新建的原理图文件就默认引用 mydo1. dot 模板。

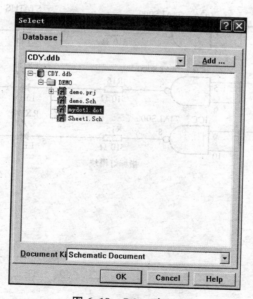

图 6.19 Select 窗口

②加载新建的库文件和其他必要的库文件，按照图 6.6 绘制总原理图，给元件加封装，如图 6.20 所示。执行 Design | Option，在 Doduments Options 窗口中，按图 6.21 填写 Organization 项；时间和日期分别放置. TIME 和. DATE 特殊字符串，执行 Tools | Preferences，在弹出的 Preference 窗口中，选中 Graphical Editing 的 Convert Special String 复选框，标题栏如图 6.22

所示。

　　③层次电路设计采用自下而上的方法,分别新建 5 个原理图文件:CPU 模块. sch、电源模块. sch、键盘输入模块. sch、输出模块. sch 和指示灯模块. sch,从 demo. sch 中分别复制相应的子电路模块到子电路中,把模块之间用网络标号实现的电气连接修改为用 I/O 端口实现,完成子电路的绘制。子电路标题栏设置的方法与 demo. sch 相同。

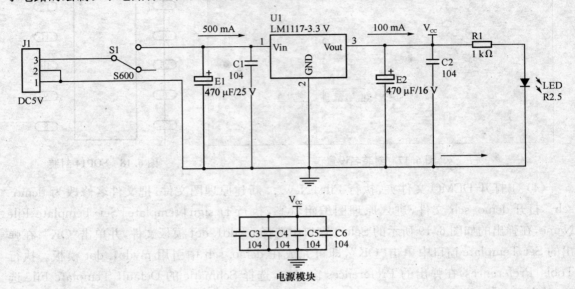

电源模块

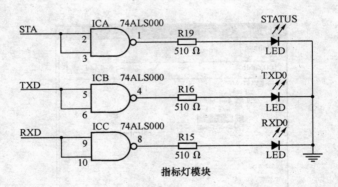

指标灯模块

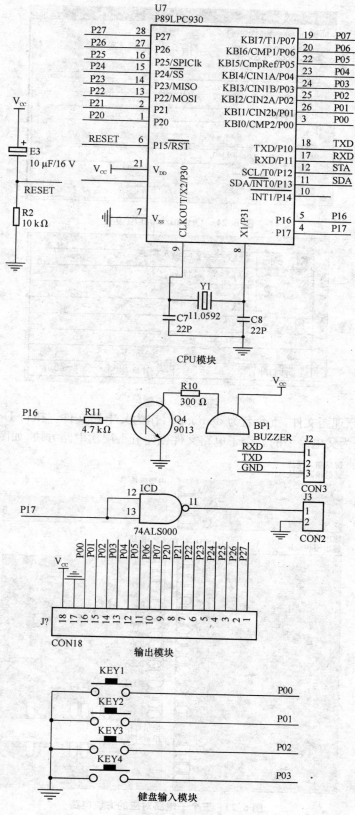

图 6.20　总原理图

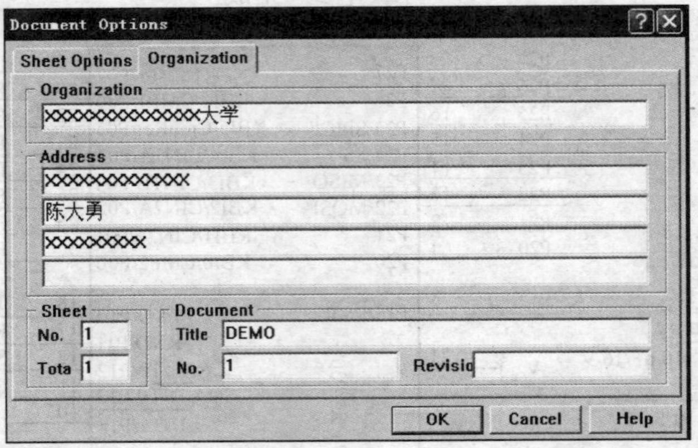

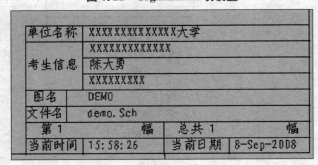

图 6.21　Organization 项设置

单位名称	XXXXXXXXXXXXX大学		
考生信息	XXXXXXXXXXXX		
	陈大勇		
	XXXXXXXX		
图名	DEMO		
文件名	demo.Sch		
第 1	幅	总共 1	幅
当前时间	15:58:26	当前日期	8-Sep-2008

图 6.22　标题栏

④新建一个原理图文件，重命名为 demo.prj，作为父电路文件。执行 Design | Create Symbol From Sheet，为父电路中的五个子电路文件创建五个层次电路方块，如图 6.23 所示。

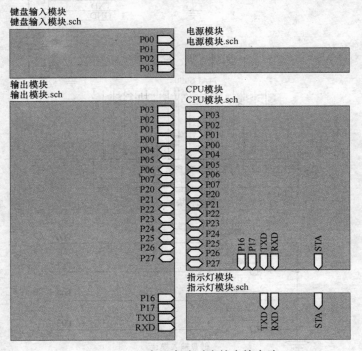

图 6.23　五个子电路对应的方块电路

调整方块电路的位置,放置导线连接方块电路,完成父电路绘制,如图 6.24 所示。标题栏设置的方法与 demo. sch 相同。创建网络表文件。

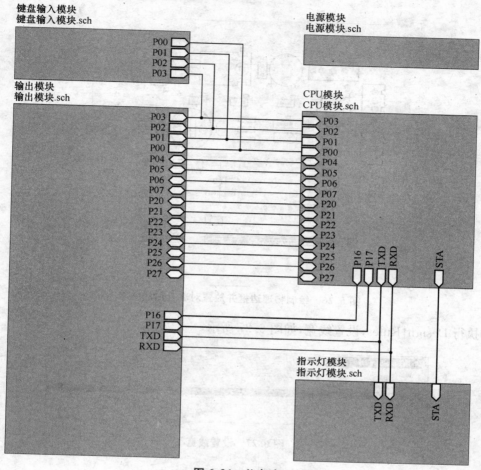

图 6.24 父电路

⑤新建 PCB 文件,重命名为 demo. pcb。在 Keep Out Layer 绘制一个矩形电气边框,执行 Design|Load Nets,加载 demo. NET 网络表文件。执行自动布局和手工调整后的结果如图 6.25所示。

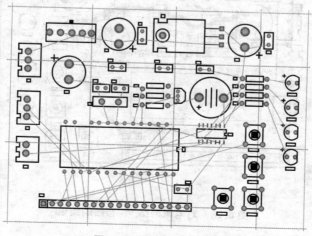

图 6.25 布局后的结果

⑥在 Mechanical 4 绘制物理边框,并放置对准孔,如图 6.26 所示。

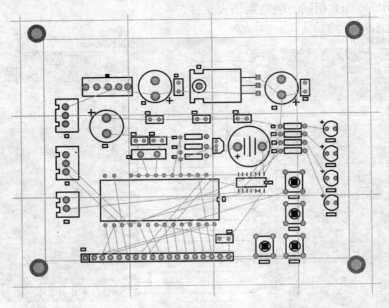

图 6.26　绘制物理边框并放置对准孔后的结果

⑦执行 Design|Rules,设置线宽,如图 6.27 所示。

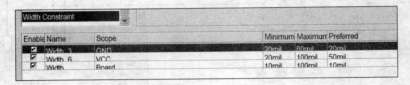

图 6.27　设置线宽

执行 Auto route|Net,对电源网络布线,如图 6.28 所示。

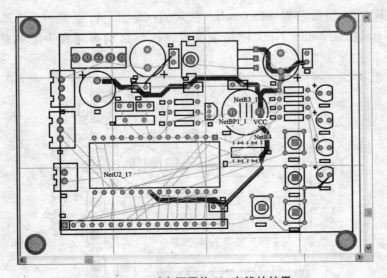

图 6.28　对电源网络 V_{cc} 布线的结果

执行 Auto route|All,按照如图 6.29 所示设置 Autorouter Setup。单击"Route All"按钮,启动自动布线并手工调整,结果如图 6.30 所示。

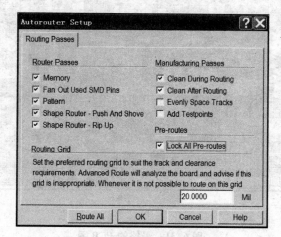

图 6.29　Autorouter Setup 设置

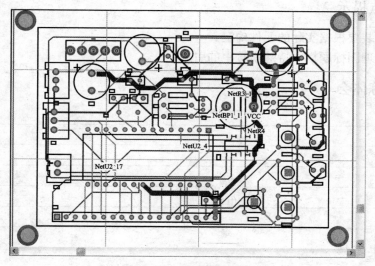

图 6.30　布线后的结果

⑧执行 Place|Ploygon Plane...,分别在 Toplayer 和 Bottomlayer 放置与 GND 网络相连的覆铜,如图 6.31 所示。

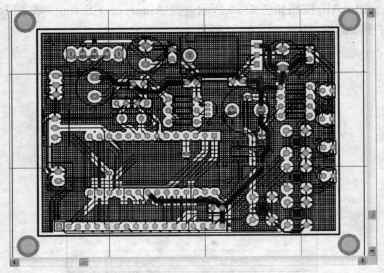

图 6.31　最终的 PCB 图

6.1.4　重点提示

（1）元件封装要根据实际的元件确定。

（2）注意原理图标题栏中特殊字符串的引用。

6.1.5　训练体会

6.1.6　结果考核

6.1.7　思考练习

叙述 PCB 制作的过程及注意事项。

附　录

附录 A

电子线路计算机辅助设计绘图员职业资格认证
考试大纲

第一单元　原理图环境设置

1. 图纸设置:图纸的大小、颜色、放置方式。
2. 栅格设置:捕捉栅格和可视栅格的显示及尺寸设置。
3. 字体设置:字体、字号、字型等的设置。
4. 标题栏设置:标题栏的类型设置、用特殊字符串设置标题栏上的内容。

第二单元　原理图库操作

1. 原理图文件中的库操作:调入库文件,添加元件,给元件命名。
2. 库文件中的库操作:绘制新的库元件,创建新库。

第三单元　原理图设计

1. 绘制原理图:利用画电路工具和画图工具以及现有的文件,按照要求绘制原理图。
2. 编辑原理图:按照要求对给定的原理图进行编辑、修改。

第四单元　检查原理图及生成网络表

1. 检查原理图:进行电气规则检查和检查报告分析。
2. 生成网络表:生成元件名、封装、参数及元件之间的连接表。

第五单元　印刷线路板(PCB)环境设置

1. 选项设置:选择设置各种选项。
2. 功能设置:设置各种功能有效或无效。
3. 数值设置:设置各种具体的数值。
4. 显示设置:设置各种显示内容的显示方式。
5. 缺省值设置:设置具体的缺省值。

第六单元　PCB 库操作

1. PCB 文件中的库操作:调入或关闭库文件,添加库元件。
2. PCB 库文件中的库操作:绘制新的库元件,创建新库。

第七单元　PCB 布局

1. 元件位置的调整:按照设计要求合理摆放元件。
2. 元件编辑及元件属性修改:编辑元件,修改名称、型号、编号等。
3. 放置安装孔。

第八单元　PCB 布线及设计规则检查

1. 布线设计:按照要求设置线宽、板层数、过孔大小、焊盘大小、利用 Protel 的自动布线及手动布线功能进行布线。

2. 板的整理及设计规则检查：布线完毕，对地线及重要的信号线进行适当调整，并进行设计规则检查。

附录 B

电子线路计算机辅助设计(中级)绘图员职业资格认证
鉴定标准内容

一、知识要求

1. 掌握微机系统的基本组成及操作系统的一般使用知识。
2. 掌握电子电路及印刷电路板的基本知识。
3. 掌握简单原理图绘制、PCB 图生成的基本方法和知识。
4. 掌握原理图元件库的管理以及元件的新建及调用
5. 掌握 PCB 元件库的管理及管脚封装的制作及调用。
6. 掌握图形的输出及相关设备的使用方法和知识。

二、技能要求

1. 具有操作系统使用的基本能力。
2. 具有原理图绘制、PCB 图生成的基本能力。
3. 具备原理图元件库的管理以及元件的新建及调用的能力。
4. 具备 PCB 元件库的管理及管脚封装的制作及调用的能力。
5. 具有图形的输出及相关设备的使用能力。

三、实际能力要求

能够使用电路的计算机辅助设计与绘图软件(Protel 99)及相关设备以交互方式独立、熟练地绘制电路原理图,并用原理图生成 PCB 图。

四、鉴定内容

1. 文件操作

调用已存在图形文件;将当前图形存盘;用绘图仪或打印机输出图形。

2. 原理图操作

2.1　电路原理图设计及绘制

2.1.1　原理图的生成

装载元件库、放置元器件、编辑元件、位置调整、放置电源与接地元件、线路连接、生成网络表。

2.1.2　绘图工具及元件库编辑器的使用

编辑线、圆弧、圆、矩形、毕兹曲线等,会使用删除、恢复、剪切、复制、粘贴、阵列式粘贴等,对元件库进行管理、元件绘图工具的使用及创建新的原理图元件。

3. PCB 图操作

3.1　制作印刷电路板

设置电路板工作层面、设置 PCB 电路参数、规划电路板、元件自动布局、元件手动布局、自动布线、手工调整。

3.2　PCB 绘图工具及元件封装编辑器的使用

编辑导线、焊盘、过孔、字符串、坐标、尺寸标注、圆弧和圆、填充、多边形等,元件封装管理、创建新的元件封装。

附录 C

电子线路计算机辅助设计(高级)绘图员职业资格认证鉴定标准内容

一、知识要求

1. 掌握微机系统的基本组成及操作系统的基本知识。
2. 掌握电子电路及印刷电路板的基本知识。
3. 掌握复杂原理图(如层次电路)、PCB 图的生成及绘制的方法。
4. 掌握原理图元件库的管理以及元件的新建及调用。
5. 掌握 PCB 元件库的管理及管脚封装的制作及调用。
6. 掌握图形的输出及相关设备的使用方法。

二、技能要求

1. 具有熟练的操作系统使用能力。
2. 具有复杂原理图(如层次电路)、PCB 图的生成及绘制的能力。
3. 具备原理图元件库的管理以及元件的新建及调用的能力。
4. 具备 PCB 元件库的管理及管脚封装的制作及调用的能力。
5. 具有图形的输出及相关设备的使用能力。

三、实际能力要求

能够使用电路的计算机辅助设计与绘图软件(Protel 99 SE)及相关设备独立、熟练地绘制电路原理图,并用原理图生成 PCB 图。

四、鉴定内容

1. 文件操作

1.1　调用已存在图形文件

1.2　将当前图形存盘

1.3　用绘图仪或打印机输出图形

2. 电路原理图设计及绘制

2.1　原理图的生成

装载元件库、放置元器件、编辑元件、位置调整、放置电源与接地元件、线路连接、生成网络表。

2.2　绘图工具及元件库编辑器的使用

编辑线、圆弧、圆、矩形、毕兹曲线等,会使用删除、恢复、剪切、复制、粘贴、阵列式粘贴等,对元件库进行管理、元件绘图工具的使用及创建新的原理图元件。

2.3　层次电路的设计及自制元件的调用

自顶向下的设计、自底向上的设计、自制元件的调用。

2.4　标准模板的使用及图纸模板文件的创建与使用

3. PCB 图的设计与绘制

3.1　制作印刷电路板

设置电路板工作层面、设置 PCB 电路参数、规划电路板、元件自动布局、元件手动布局、自动布线、手工调整。

3.2　PCB绘图工具及元件封装编辑器的使用

编辑导线、焊盘、过孔、字符串、坐标、尺寸标注、圆弧和圆、填充、多边形等，元件封装管理、创建新的元件封装。

附录 D

电子线路计算机辅助设计(中级)绘图员职业资格认证
技能鉴定试题(样题)

一、抄画电路原理图(40 分)

1. 在指定目录底下新建一个以自己名字拼音命名的设计文件。例:考生陈大勇的文件名为 CDY.ddb。

2. 在考生设计文件下新建一个原理图子文件,文件名为 sheet1.sch。

3. 按图 1 尺寸及格式画出标题栏,填写标题栏内文字(注:考生单位一栏填写考生所在单位名称,无单位者填写"街道办事处",尺寸单位为:mil)。

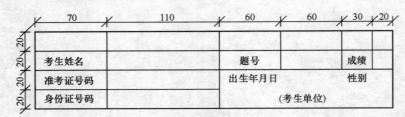

图 1　标题栏设置

4. 按照附图一(图 4)内容画图(要求对 FOOTPRINT 进行选择标注)。

5. 将原理图生成网络表。

6. 保存文件。

二、制作电路原理图元件及元件封装(10 分)

1. 在考生设计文件中新建一个原理图零件库子文件,文件名为 schlib1.lib。

2. 抄画如图 2 所示的原理图元件,要求尺寸和原图保持一致,并按图示标称对元件进行命名,图中每小格长度为 10 mil。

3. 在考生设计文件中新建一个元件封装子文件,文件名为 PCBlib1.lib。

4. 抄画如图 3 所示的元件封装,要求按图示标称对元件进行命名(尺寸标注的单位为 mil,不要将尺寸标注画在图中)。

5. 保存两个文件。

6. 退出绘图系统,结束操作。

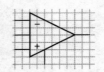

图 2　原理图元件 OPAMP

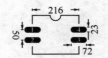

图 3　元件封装 SO4

三、生成电路板（50 分）

1. 在考生设计文件中新建一个 PCB 子文件，文件名为 PCB1. PCB。
2. 利用题二生成的网络表，将原理图生成合适的长方形双面电路板，规格为 X：Y＝4：3。
3. 将接地线和电源线加宽至 20 mil。
4. 保存 PCB 文件。

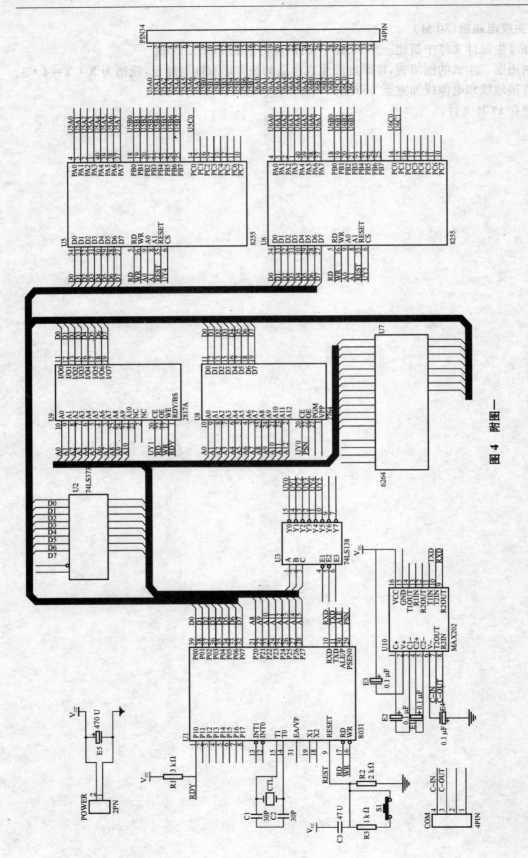

图 4 附图一

附录 E

电子线路计算机辅助设计(高级)绘图员职业资格认证
技能鉴定试题(样题)

第一题　原理图模板制作(10 分)

1. 在指定根目录底下新建一个以考生的准考证号为名的文件夹,然后新建一个以自己名字拼音命名的设计数据库文件。例:考生陈大勇的文件名为 CDY.ddb;然后在其内新建一个原理图设计文件,名为 mydot1.dot。

2. 设置图纸大小为 A4,水平放置,工作区颜色为 18 号色,边框颜色为 3 号色。

3. 绘制自定义标题栏如图 1 所示。其中边框直线为小号直线,颜色为 3 号,文字大小为 16 磅,颜色为黑色,字体为仿宋_GB2312。

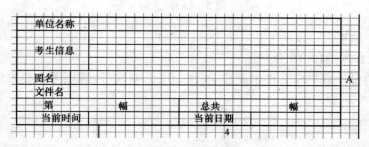

图 1　标题栏

第二题　原理图库操作(10 分)

1. 在考生的设计数据库文件中新建库文件,命名为 schlib1.lib。

2. 在 schlib1.lib 库文件中建立如图 2 所示的带有子件的新元件,元件命名为 TIMER,其中(a)、(b)为对应的两个子件样图。

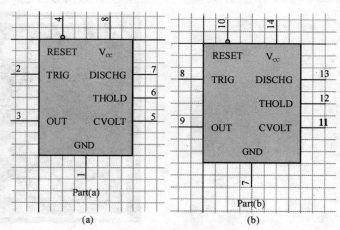

图 2　TIMER 元件

3. 在 schlib1.lib 库文件中建立如图 3 所示的新元件,元件命名为 LED8。

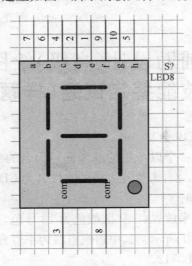

图 3 LED8 元件

4. 保存操作结果。

第三题 PCB 库操作(10 分)

1. 在考生的设计数据库文件中新建 PCBLIB1. LIB 文件,按照图 4 要求创建元件封装,命名为 LCC22。

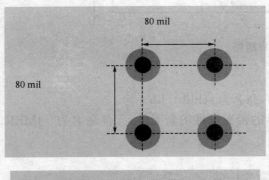

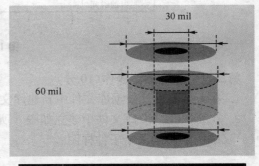

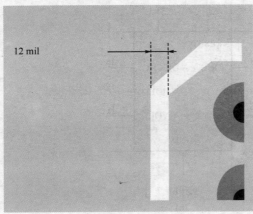

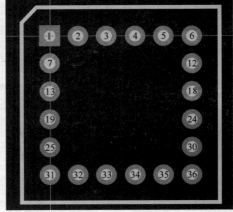

图 4 LCC22 封装

2. 在 PCBLIB1. LIB 文件中继续新建一个数码管的元件封装,名称为 LED8。已知数码管的管脚直径为 20 mil,请选定合适焊盘及过孔大小,按照图 5 要求创建元件封装,命名为 LED8。

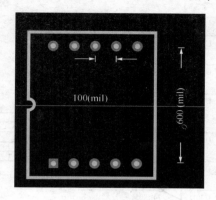

100(mil)

600(mil)

图 5　LED8 封装

第四题　原理图绘制(30 分)

1. 绘制如图 6 所示的原理图,文件名为单片机电路. sch,要求调用第一题所做的模板"mydot1. dot",标题栏中各项内容均要从 organization 中输入或自动生成,其中在 address 中第一行输入考生姓名,第二行输入身份证号码,第三行输入准考证号码,图名为:单片机电路,不允许在原理图中用文字工具直接放置。

2. 将如图 6 所示的原理图改画成层次电路图,保存结果时,父图文件名为"单片机电路. prj",子图文件名为模块名称,模板和标题栏设置与单片机电路. sch 相同。

3. 抄画图中的元件必须和样图一致,如果和标准库中的不一致或没有时,要进行修改或新建。

第五题　PCB 图绘制(40 分)

1. 选择合适的电路板尺寸,绘制出第四题原理图的 PCB 图。

2. 根据电路给出的电流分配关系与电压大小,选择合适的导线宽度和线距。

3. 要求选择合适的管脚封装,如果和标准库中的不一致或没有时,要进行修改或新建。

4. 保存结果,修改文件名为单片机电路. PCB。

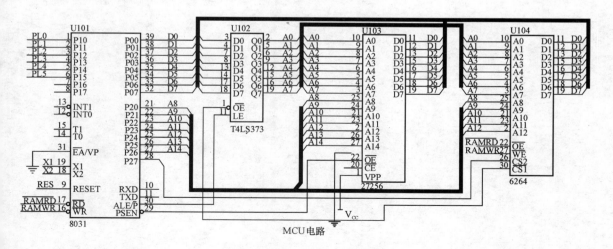

MCU电路

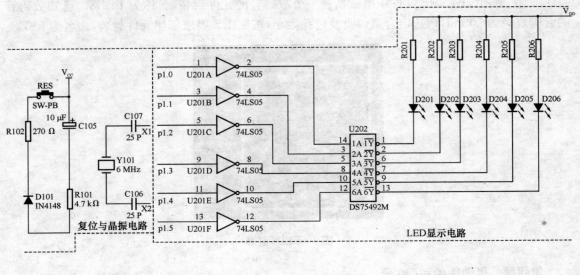

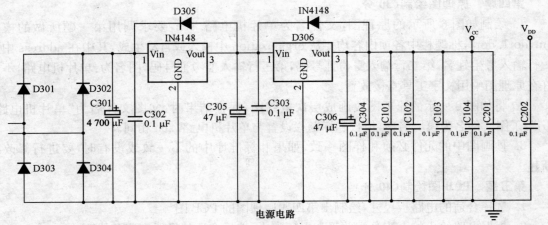

图 6　第四题图

附录 F

电子线路计算机辅助设计(高级)绘图员职业资格认证
技能鉴定试题评分细则

第一单元　原理图环境设置(8 分)

评分点		分值	得分条件	判分要求
图纸设置	新建文件	1	在考生文件夹中按要求创建新文件	无操作失误
	图纸设置	1	按试题要求完成对图纸大小、放置方式、工作区及边框颜色的设置	每错一处扣 0.5 分,扣完为止
栅格设置		1	按试题要求完成对捕捉栅格、可视栅格显示或隐藏及尺寸的设置	每错一处扣 0.5 分,扣完为止
字体设置		1	按试题要求完成对字体、字号及字型的设置	每错一处扣 0.5 分,扣完为止
标题栏设置	显示方式或字体颜色	1	按试题要求正确设置标题栏的显示方式或标题栏中特殊字符串的字体颜色	与要求不符不给分
	功能设置	1	设置"转换特殊字符串"功能有效	与要求不符不给分
	内容设置	1	按试题要求完成对标题、制图者、文档编号、地址等的正确设置	每错一处扣 0.5 分,扣完为止
	保存文件	1	按要求完成对文件的保存	与要求不符不给分

第二单元　原理图库操作(10 分)

评分点		分值	得分条件	判分要求
原理图文件中的库操作	新建文件	1	在考生文件夹下,按要求创建新文件	无操作失误
	打开库	1	按试题要求在原理图中正确打开所有库	每错打开一个库扣 0.5 分,扣完为止
	添加元件	1	按试题要求向原理图中正确添加所有元件	每错添加一个元件扣 0.5 分,扣完为止
	元件命名	1	按试题要求给新添加的元件命名	每错一个名称扣 0.5 分,扣完为止
	保存文件	1	按要求完成对文件的保存	与要求不符不给分
库文件中的库操作	新建文件	1	在考生文件夹下,按要求创建新文件	无操作失误
	创建新元件	2	按试题要求在库文件中创建新元件	图形、管脚错一处扣 0.5分,扣完为止
	元件命名	1	按要求正确对新创建的元件进行命名	与要求不符不给分
	保存文件	1	按要求完成对文件的保存	与要求不符不给分

第三单元　原理图设计（15 分）

	评分点	分值	得分条件	判分要求
绘制原理图	打开文件	0.5	按照要求的路径打开文件	无操作失误
	元件位置调整	2	按照样图正确放置元件	每错一处扣 0.2 分，扣完为止
	放置连线	2	按照样图正确绘制连线	每错一处扣 0.2 分，扣完为止
	放置端口	1	按照样图正确放置端口	与要求不符不给分
	放置总线及网络标号	3	按照样图正确绘制连线放置总线及网络标号	每错一处扣 0.2 分，扣完为止
编辑原理图	编辑元件名称	3	按照要求更改元件名称	与要求不符不给分
	编辑元件类型	2	按照要求更改元件类型	与要求不符不给分
	插入文本框	1	按照要求正确设置文本框	与要求不符不给分
	保存文件	0.5	按要求完成对文件的保存	与要求不符不给分

第四单元　检查原理图及生成网络表（8 分）

	评分点	分值	得分条件	判分要求
检查原理图	打开文件	0.5	按照要求的路径打开文件	无操作失误
	进行检查	1	正确设置电气规则检查	与要求不符不给分
	修改原理图	3	针对检查报告中的错误修改原理图，直到无错误为止	每错一处扣 0.5 分，扣完为止
	电气规则检查文件保存	1	按要求完成对文件的保存	与要求不符不给分
	原理图文件保存	0.5	按要求完成对文件的保存	与要求不符不给分
生成网络表	生成网络表	1.5	按照要求的格式生成网络表	与要求不符不给分
	保存文件	0.5	按要求完成对文件的保存	与要求不符不给分

第五单元　印刷线路板（PCB）环境设置（10 分）

评分点	分值	得分条件	判分要求
工作层设置	2	按题目要求正确设置信号层、机械层、防焊层等	每错一处扣 0.5 分，扣完为止
选项设置	2	按题目要求正确设置选项	每错一处扣 0.5 分，扣完为止
数值设置	2	正确设置测量单位、各种栅格的尺寸、鼠标类型、操作次数等	每错一处扣 0.5 分，扣完为止
显示设置	2	正确设置栅格显示类型，正确设置飞线、导孔等的显示或隐藏，正确设置显示颜色，设置路径、弧线等显示模式	每错一处扣 0.5 分，扣完为止
默认值设置	2	按照题目正确要求设置某个缺省值	每错一处扣 0.5 分，扣完为止

第六单元 PCB 库操作（12 分）

	评分点	分值	得分条件	判分要求
PCB 文件中的库操作	新建文件	0.5	在考生文件夹下,按要求创建新文件	无操作失误
	装载库	1.5	按要求在 PCB 文件中装载三个库	每错装载一个库扣 0.5 分,扣完为止
	添加元件	1.5	按要求在 PCB 文件中添加三个元件	每错添加一个元件扣 0.5 分,扣完为止
	元件命名	1.5	按要求对三个新元件进行命名	每错一个命名扣 0.5 分,扣完为止
	保存文件	0.5	按要求完成对文件的保存	与要求不符不给分
PCB 库文件中的库操作	创建封装库	1	按照样要求创建元件封装库	与要求不符不给分
	创建封装	4.5	按照样图正确创建元件封装	每错一处扣 0.5 分,扣完为止
	元件命名	0.5	按照要求对元件进行命名	与要求不符不给分
	保存文件	0.5	按要求完成对文件的保存	与要求不符不给分

第七单元 PCB 布局（17 分）

	评分点	分值	得分条件	判分要求
调整元件位置	打开文件	0.5	按照要求的路径打开文件	无操作失误
	调整元件位置	6.5	按照样图放置元件	每错一处扣 0.2 分,扣完为止
编辑元件	编辑元件序号、型号、封装型	5	按照样图,正确修改元件的序号、型号、封装型号	每错一处扣 0.2 分,扣完为止
	字符的高度、宽度	3	按照样图正确修改元件的序号、型号、封装型号字符高度、宽度	每错一处扣 0.2 分,扣完为止
放置安装孔	放置安装孔	1.5	按照要求正确放置安装孔	每错一处扣 0.5 分,扣完为止
	保存文件	0.5	按要求完成对文件的保存	与要求不符不给分

第八单元 PCB 布线及设计规则检查（20 分）

	评分点	分值	得分条件	判分要求
布线设计	打开文件	0.5	按照要求的路径打开文件	无操作失误
	加载网络表	2	正确加载文件	无操作失误
	具体设置	4	正确设置布线线宽,过孔,焊盘,顶层、底层的布线方向等	每错一处扣 0.5 分,扣完为止
板的整理及设计规则检查	线宽调整	3	按要求对线宽进行调整	每错一处扣 1 分,扣完为止
	加地填充	3	按要求进行加地填充	与要求不符不给分
	规则检查	7	对整板进行设计规则检查,直到无错为止	每错一处扣 0.5 分,扣完为止
	保存文件	0.5	按要求完成对文件的保存	与要求不符不给分

参 考 文 献

1　陈力平. Protel 99 SE 设计与实训. 北京：北京航空工业出版社，2003

2　潘永雄，沙河. 电子线路 CAD 实用教程. 西安：西安电子科技大学出版社，2007

3　赵建领. Protel 电路设计与制作宝典. 北京：电子工业出版社，2007

4　及力. Protel 99 SE 原理图与 PCB 设计教程. 北京：电子工业出版社，2004

5　全国计算机信息高新技术考试办公室. 计算机辅助设计（Protel 平台）绘图员级考试考试大纲［EB/OL］. http://www. citt. org. cn/news. aspx? nid ＝ acc4e407-d918-443a-a51d-512b5f03a69a，2007-10-25